# COURS

# D'AGRICULTURE PRATIQUE

PROFESSÉ

## Par M. GAUCHERON,

Membre de la Société d'Agriculture, Sciences, Lettres et Arts d'Orléans,
Professeur de Chimie agricole du Comice d'Orléans ;

PUBLIÉ

Sous les auspices du Conseil général du
département du Loiret et du Comice
de l'arrondissement d'Orléans ;

ET RÉDIGÉ PAR

## M. A. COTELLE,

*Secrétaire du Cours de Chimie agricole & du Cours d'Agriculture.*

TOME III.

### ENGRAIS.

Prix : 1 fr. 25 centimes.

PARIS,

COTELLE et Cie, Éditeurs,
rue J.-J. Rousseau, 3.

ORLÉANS,

chez tous les Libraires.

—

MDCCCLXIV.

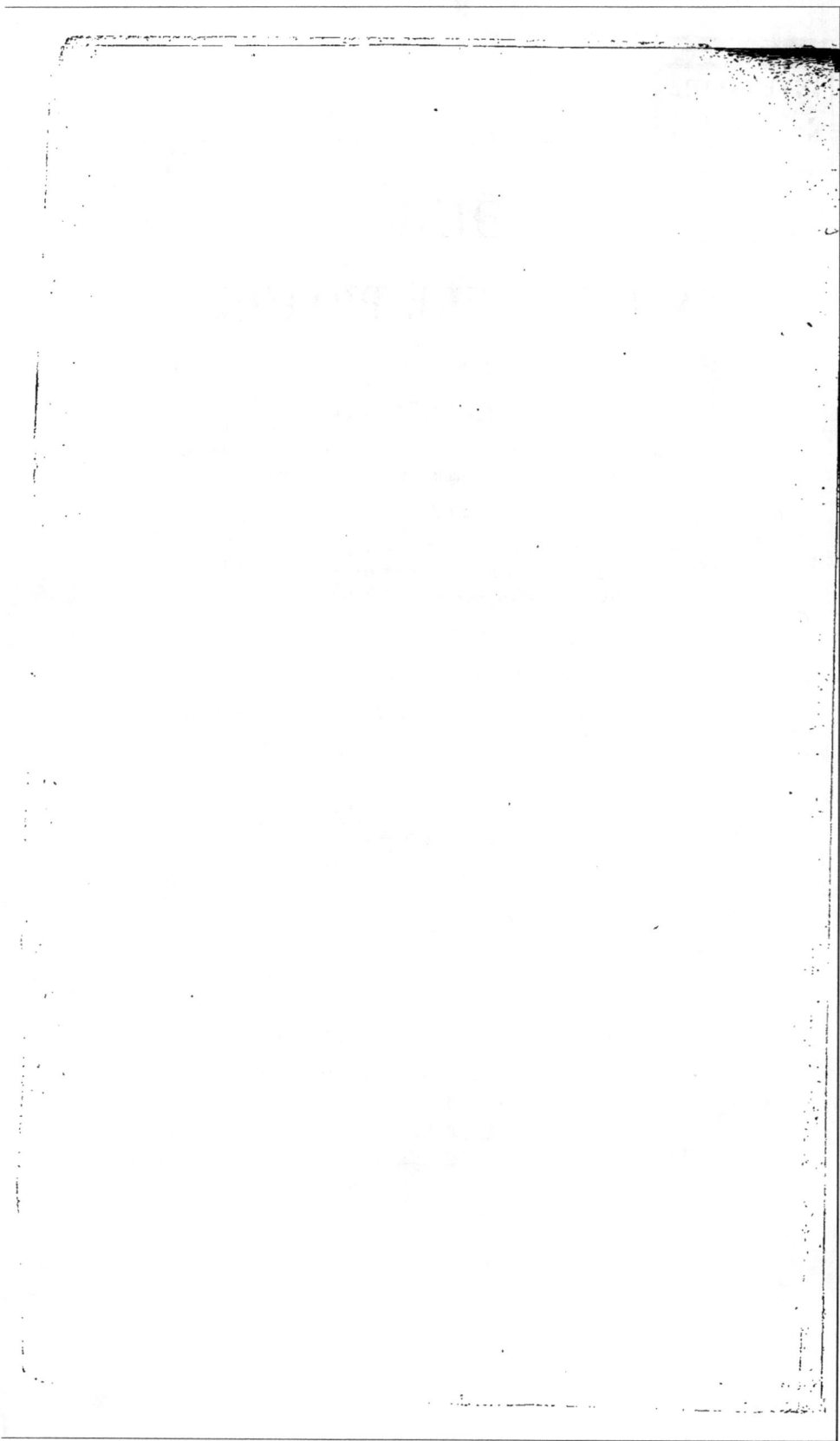

# COURS

# D'AGRICULTURE PRATIQUE

PROFESSÉ

## Par M. GAUCHERON,

Membre de la Société d'Agriculture, Sciences, Lettres et Arts d'Orléans,
Professeur de Chimie agricole du Comice d'Orléans ;

PUBLIÉ

Sous les auspices du Conseil général du
département du Loiret et du Comice
de l'arrondissement d'Orléans ;

ET RÉDIGÉ PAR

## M. A. COTELLE,

*Secrétaire du Cours de Chimie agricole & du Cours d'Agriculture.*

### TOME III.

PARIS,
COTELLE et Cie, Éditeurs,
rue J.-J. Rousseau, 3.

ORLÉANS,
chez tous les Libraires.

MDCCCLXIV.

ORLÉANS. — IMP. D'ÉMILE PUGET ET Cie, RUE VIEILLE-POTERIE, 9.

# COURS
## D'AGRICULTURE PRATIQUE.

### CHAPITRE PREMIER.

### Des Engrais minéraux.

Après nous être livré, dans le volume précédent, à l'étude des Engrais fournis tant par les animaux que par les végétaux, nous arrivons à examiner présentement les Engrais minéraux naturels et industriels. Car, remarquons-le bien ici, le Créateur dans sa prévoyance ne s'est pas contenté de fournir à l'homme les Engrais provenant des végétaux et des animaux, il a encore recélé, dans les entrailles même de la terre, des trésors destinés à féconder le sol et à augmenter le bien-être de l'homme. L'industrie, en outre, est venue en aide à la nature et a produit certains Engrais chimiques, que fournissent à l'agriculture nos usines et nos ateliers. Parmi les plus importants nous pouvons citer les guanos industriels qui proviennent des fabriques d'Engrais.

Lorsque nous aurons terminé l'étude des Engrais, nous nous occuperons des défrichements, un des sujets les plus intéressants pour les contrées qui nous avoisinent.

Nous aurions donc pu étudier ici l'action de la chaux, de la marne et des différents calcaires ; mais nous avons vu que ces matières minérales peuvent jouer tout à la fois le rôle d'engrais ou d'amendement, et comme c'est généralement en guise d'amendement qu'on les emploie, nous leur avons consacré un chapitre spécial sous ce dernier titre. Nous n'y reviendrons donc pas ici, et nous n'aurons plus qu'à faire connaître au cultivateur la valeur et les avantages qu'il pourra retirer de l'emploi des engrais minéraux suivants :

Sulfate de chaux ou plâtre ;

Phosphate minéral ou phosphate fossile ;

Sel marin ;

Argile brûlée ;

Terres rapportées, ou terreaudage ;

Vases des mares, étangs, fossés, etc. ;

Nitrates ;

Vieux platras.

En général à la ferme, la plupart de ces engrais,

s'ils y sont employés, ne sont guère considérés par le cultivateur que comme des amendements qui modifient le terrain ou des stimulants qui activent la végétation.

Malheureusement l'agriculteur a de la peine à comprendre que son blé, que ses récoltes vivent de ces matières minérales ou des éléments qu'elles contiennent. Il ne sait pas que l'emploi de son fumier ne lui donne d'aussi bons résultats que parce qu'il contient tout ou partie de ces substances minérales. Nul doute que par leur introduction dans le sol, les engrais minéraux, comme les autres engrais, ne modifient un peu la nature de la terre ; mais les quantités auxquelles on les emploie généralement ne sont pas suffisantes pour expliquer, de cette manière, tous leurs bons effets. C'est donc plutôt parce qu'ils agissent comme de véritables engrais, parce qu'ils apportent à nos récoltes des aliments dont elles ont besoin, qu'ils sont aussi nécessaires ; et la preuve la plus matérielle qu'on puisse en donner, c'est que, comme nous l'avons déjà dit, on retrouve tout ou partie de ces matières minérales dans les cendres de nos récoltes. Evidemment c'est par la nutrition qu'elles sont devenues partie constituante des plantes, qui les ont absorbées. Ces premiers principes établis, nous commencerons l'étude des engrais minéraux par l'examen du plâtre et du plâtrage des terres.

### Du plâtre ou sulfate de Chaux.

Le plâtre ou gypse est une matière minérale qu'on trouve en abondance dans certaines localités de la France et principalement aux environs de Paris, d'où on l'extrait d'abord pour les besoins de nos constructions. Telle est la source du plâtre employé par l'agriculture. Cette substance est un composé d'acide sulfurique (huile de vitriol), de chaux et d'eau : de là son nom chimique, sulfate de chaux. Il résulte de ceci que s'il y avait économie, le cultivateur pourrait lui-même préparer le plâtre qu'il emploie, en versant en proportion convenable de l'acide sulfurique sur de la chaux éteinte.

L'emploi du plâtre en agriculture est très ancien ; mais il resta longtemps limité à certaines contrées du Hanovre. Son usage ne s'est guère répandu que depuis un siècle. Les premières expériences sérieuses furent faites par le pasteur protestant Mayer, qui en communiqua les bons résultats à la Société économique de Berne. Dès que ces résultats furent connus, l'usage s'en introduisit bientôt en France, en Allemagne, en Angleterre et même aux Etats-Unis.

Et aujourd'hui, son emploi est devenu général pour certaines cultures. Dès les premiers temps de l'emploi du plâtre, on vit arriver, ce qui a lieu trop souvent en agriculture en pareil cas; l'engouement pour l'usage de cette substance minérale, comme engrais, fut tel, que bon nombre de cultivateurs le considérèrent comme un engrais sans égal, propre à toutes les cultures, convenable pour tous les sols. Mais le plâtre eut aussi ses détracteurs ; c'est qu'en effet nous n'en finirions pas, si nous voulions énumérer ici les échecs résultant de l'emploi mal compris ou mal connu du plâtre.

Au milieu des discussions qui s'élevèrent alors, l'administration supérieure, dans le but de s'éclairer et pour obtenir des données bien concordantes sur l'utilité et la valeur du plâtre comme engrais, ouvrit une enquête, et s'adressant aux agronomes les plus distingués de France, elle leur posa les questions suivantes :

1º Le plâtre agit-il favorablement sur les prairies artificielles ?

Sur quarante-trois opinions émises, quarante dirent oui, trois non.

2º Le plâtre agit-il favorablement sur les prairies artificielles, dont le sol est extrêmement humide ?

Sur dix opinions émises, non à l'unanimité.

3º Le plâtre peut-il suppléer à l'engrais du sol, ou en d'autres termes, un sol stérile peut-il porter une prairie artificielle par le fait seul du plâtrage ?

Sur sept opininions émises, non à l'unanimité.

4º Le plâtre augmente-t-il les récoltes des céréales, blé, etc. ?

Sur trente-deux opinions émises, trente non, deux oui.

Les résultats de cette enquête sont des faits pratiques de la plus haute importance, et, si nous les analysons ici, il nous sera facile d'en tirer de précieux enseignements pour le praticien, et le convaincre que le plâtre n'est d'abord pas un engrais *quand même*, puisque, par la réponse à la question n° 3, nous voyons que son emploi sur un sol stérile n'a pu donner naissance à une prairie artificielle. Les réponses aux autres questions vont nous démontrer que le plâtre est un engrais spécial : spécial pour certaines cultures, spécial pour certains sols. En effet la réponse à la première question nous apprend qu'il favorise le développement des prairies artificielles, tandis que, d'après la réponse à la quatrième question, son action est à peu près nulle sur les céréales.

Si nous suivons notre analyse, nous voyons que par la réponse à la seconde question, le plâtre, tout en étant spécial à la culture des prairies artificielles, devient encore spécial pour certaines natures de sols, puisqu'il ne favorise la production des prairies artificielles qu'à la condition qu'elles ne seront pas placées sur un sol humide.

Il n'en faut pas davantage pour convaincre le cultivateur que le plâtre est un engrais spécial, qu'il ne devra employer que pour les prairies artificielles, et que le plâtre ne produira de bons effets,

que si ces cultures ne reposent pas sur un sol humide ou marécageux.

Si nous recherchons maintenant quelle est la
plus-value de récoltes que peut obtenir un cultivateur par un plâtrage convenable, nous voyons
d'après les expériences pratiques de M. Villèle dans
le Midi de la France, de M. Smith en Angleterre,
que, sous l'influence de cet engrais spécial, le trèfle
et le sainfoin doublent en moyenne de produit. Ces
premières indications données, arrivons à l'emploi
du plâtre.

### Emploi du plâtre.

C'est généralement par la voie du commerce que
l'agriculture se procure le plâtre qu'elle emploie. Il
lui est fourni sous deux états différents : soit cru,
soit cuit. Quoiqu'on puisse l'utiliser très-bien sous
l'un ou l'autre de ces deux états, il est néanmoins
important que le cultivateur comprenne bien les
modifications que la cuisson lui fait subir. Le plâtre
cuit ne diffère du plâtre cru que par la perte de
l'eau qu'il éprouve, sous l'effet de la chaleur à laquelle il est soumis, dans les fours à plâtre. C'est,
du reste, ce qu'établissent parfaitement les chiffres
suivants représentant en chiffres ronds la différence
de composition du plâtre cru et du plâtre cuit, sur
100 kilos :

1.

| PLATRE CRU. | | | PLATRE CUIT. | |
|---|---|---|---|---|
| Acide sulfurique.. | 47 k. | | Acide sulfurique.. | 59 k. |
| Chaux ........ . | 33 | | Chaux.......... | 41 |
| Eau............. | 20 | | Eau............. | » |
| | 100 k. | | | 100 k. |

Puisque c'est l'eau seule qui fait la différence du plâtre cru au plâtre cuit, le cultivateur comprendra de suite pourquoi, dans la pratique, il peut remplacer facilement l'un par l'autre, et comment pour égaler en poids 100 kilos de plâtre cru il n'aura besoin que de 80 kilos de plâtre cuit.

Ajoutons que l'emploi du plâtre cru présente une légère économie à l'agriculture, et que cette économie deviendrait un peu plus grande pour les cultivateurs qui voudraient utiliser les poussières qui viennent des fours à plâtre.

C'est toujours sous forme de poudre que l'on emploie cet engrais. Jadis, dans les fermes de Beauce, les cultivateurs l'achetaient en pierre et le faisaient pulvériser à la ferme ; aujourd'hui ils l'achètent en poudre. C'est peut-être à tort, parce que, bien que le prix de cette substance minérale ne soit pas trop élevé, néanmoins elle peut être facilement allongée de sable, de marne, d'argile ou de pierres calcaires.

C'est ordinairement au printemps, lorsque les gelées ne sont plus à craindre, qu'on répand le plâtre en le semant à la main sur les jeunes plantes qui recouvrent les prairies. Cette opération se pra-

tique le soir ou le matin, par un temps calme ou
après une légère pluie. L'action de cet engrais est
surtout efficace, si la température des jours qui en
suivent l'épandage, est douce et un peu humide.
On remarque que les fortes pluies nuisent à son
action, et s'il survient de fortes chaleurs, son effet
est aussi considérablement amoindri. Quoique la
méthode la plus habituelle d'utiliser le plâtre soit
celle que nous venons d'indiquer, la pratique nous
apprend encore qu'on peut en obtenir de très-bons
effets en l'incorporant dans le sol, au moment des
labours d'automne. Cette méthode, mise en usage
avec avantage par Mathieu de Dombasle, est prati-
quée encore avec succès par quelques cultivateurs
de la Loire-Inférieure, de l'Orne et du Cantal.

### QUANTITÉS A RÉPANDRE.

On n'est pas encore bien fixé sur la quantité de
plâtre à répandre sur un hectare de prairies. Le
cultivateur concevra facilement que cette quantité
peut varier suivant les localités, la nature du sol et
celle de la récolte. La dose en est habituellement
comprise entre 200 et 600 kilos par hectare. Quelques
agronomes prétendent qu'il faut autant de litres de
plâtre sur un hectare de prairie, qu'il faut de litres
de blé pour ensemencer cet hectare en blé. En admettant comme moyenne, deux hectolitres de semence, on voit qu'il faudrait deux hectolitres de

plâtre pour une pareille quantité de terre cultivée
en prairie. Mais ici il faut distinguer, car le plâtrage
sera bien différent selon qu'il aura lieu avec du
plâtre cuit ou du plâtre cru. L'hectolitre de plâtre
cuit pesant 125 kilos, le plâtrage serait alors de
250 kilos par hectare. Mais si l'on emploie du plâtre
cru, la quantité répandue sera plus grande, car
l'hectolitre de plâtre cru pesant en moyenne 210 kilos, ce seront 420 kilos de plâtre que recevra notre
hectare de prairie ; en défalquant même l'eau que
contient le plâtre cru, le cultivateur verra que le
plâtrage au volume est toujours plus fort, avec le
plâtre cru, qu'avec le plâtre cuit. Le contraire a lieu
lorsque l'on agit sur des poids, puisque nous avons
vu que 100 kilos de plâtre cru contiennent 20 kilos
d'eau inutile.

C'est en Amérique qu'on emploie le plâtre aux
plus fortes doses, telles que 1,000 kilos et davantage. C'est surtout depuis l'expérience curieuse de
Franklin, qui, dans le but de convaincre le public
des bons effets de cet engrais, avait fait tracer sur
un champ de luzerne avec une traînée de plâtre, ces
mots devenus mémorables : « *Ceci a été plâtré.* »
Le champ de luzerne était placé sur le bord d'une
grande route, et l'effet produit par le plâtre sur les
parties de la luzerne qui avaient reçu le plâtre, fut si
tranchant, que ces mots, en faisant relief sur la
prairie, pouvaient être lus par les voyageurs qui pas-
saient sur la route et leur prouvaient de la manière

la plus évidente les avantages qu'on pouvait retirer en agriculture de l'emploi intelligent du plâtre comme engrais. Malgré tout ce que nous venons de dire, il est aisé de juger combien il est difficile d'indiquer au cultivateur les quantités exactes de plâtre qu'il devra employer. Il agirait prudemment en employant de 250 à 300 kilos de cet engrais par hectare. Libre à lui d'augmenter une autre fois, si une pareille dose lui donnait une récolte suffisamment rémunératrice, et s'il le jugeait convenable à ses intérêts.

## Action du Plâtre.

En voyant les récoltes de trèfle doubler et même tripler quelquefois sous l'influence d'un bon plâtrage, on conçoit facilement le désir qu'éprouve le cultivateur intelligent de se rendre compte de l'action de cet engrais. Mais si de nos jours l'influence heureuse du plâtre, sur les prairies artificielles, ne fait doute pour personne, nous sommes obligés d'avouer que son mode d'action n'est pas bien connu. Bien des théories ingénieuses ont été produites pour expliquer l'action du plâtre ; mais toutes laissent à désirer. Inutile donc de les reproduire ici, seulement nous donnerons la théorie la plus accréditée et qui appartient à M. Boussingault. Selon cet honorable savant, le plâtre serait pour nos prai-

ries artificielles une source pure et simple de
chaux, c'est-à-dire de cette substance minérale que
recherchent avec avidité les trèfles, les luzernes et
les sainfoins. Or, nous avons dit en commençant que
le plâtre n'était qu'un composé de chaux et d'acide
sulfurique; il peut donc, par une décomposition
toute naturelle, fournir à nos prairies artificielles
l'élément calcaire dont elles ont si grand besoin.
Ce qui donne à cette théorie simple, qui n'est pourtant pas sans objection, une certaine force, c'est
qu'en Flandre nous voyons les cultivateurs remplacer avec succès le plâtrage par le chaulage, ou
l'emploi des cendres de nos foyers, qui, comme nous
le savons, renferment beaucoup de chaux à l'état de
carbonate de chaux.

Résumant, en quelques lignes, ce que le cultivateur ne doit pas ignorer, sur le plâtre et sur son emploi, nous lui dirons :

1° Que le plâtre est un engrais spécial pour les
prairies artificielles, qu'il agit aussi sur les vesces,
les pois et les haricots, que son action encore sensible sur les choux, colzas, navettes, chanvre, lin et
sarrasin, est douteuse pour les prairies naturelles
et nulle sur les céréales, blés, etc. ;

2° Que le plâtre ne produit aucun effet sur les
sols humides, mal égouttés ou marécageux; qu'il
agit au contraire sur tous les sols argileux, calcaires,
sablonneux, si ces sols sont secs et fertiles ;

3° Qu'il ne saurait suppléer à l'engrais ordinaire,

à l'humus du sol, et *Crud* dit avec raison que le cultivateur perd son temps et son argent à plâtrer des sols maigres et appauvris ;

4° Le cultivateur ne devra pas non plus oublier que le plâtre n'est pour lui qu'un moyen facile d'augmenter ses produits, de doubler et de tripler ses récoltes de prairies artificielles, à la condition de remplir, avant tout, les conditions d'une bonne culture.

Enfin, rappelons ici ce que nous avons déjà dit, que, mélangé dans les fumiers, le plâtre est un puissant auxiliaire pour conserver au fumier l'azote qu'il contient et qui paraît si nécessaire à la production végétale ; enfin, disons en terminant, que le cultivateur qui se livrerait à la fabrication de composts pourrait l'utiliser avec avantage dans le même but.

# CHAPITRE II.

## Du Phosphate de chaux minéral ou Phosphate fossile.

Sous les noms de nodules coprolithiques, pseudo-coprolithes, Phosphate des Ardennes, notre industrie livre depuis quelques années à l'agriculture une substance minérale, renfermant des proportions variables de Phosphate de chaux. Ce Phosphate est un des engrais minéraux les plus importants; car il permet au cultivateur de fournir avec économie du Phosphate de chaux aux sols, qui n'en contiennent pas et de parer à l'épuisement en Phosphate des terres, que la nature a pourvues de ce précieux agent de fertilité. Le Phosphate de chaux est un élément si nécessaire à la vie de nos récoltes, son importance est si grande, qu'il faudrait que le cultivateur de nos campagnes comprît une bonne fois et n'oubliât jamais *que sans Phosphate il n'est pas de blé, pas de seigle, pas de prairies artificielles, pas de bétail possibles.* En un mot, pas d'agriculture ! Pour que le cultivateur ne conserve aucun doute sur cette vérité, il lui suffira de se rappeler que l'homme et les animaux sont destinés à vivre des produits de la terre, et que, pour que ces produits puissent nous nourrir ainsi que les animaux, il faut qu'ils contiennent du Phosphate de chaux, puisque ce composé minéral forme la base de nos os ; ajoutons que l'homme ne possède pas d'organes pouvant puiser ce Phosphate de chaux qui est dissiminé dans la terre et qui fait la base de son organisation. Les plantes sont destinées à nous rendre ce service et établissent cette admirable solidarité entre les trois règnes de la nature, où nous voyons la substance minérale nourrir le végétal et celui-ci nourrir l'homme et les animaux.

Le cultivateur verra donc de suite qu'il a dans cet engrais un aliment des plus importants pour ses récoltes. Mais avant d'indiquer ici au praticien les avantages qu'il pourra retirer, à la ferme, par l'emploi du Phosphate minéral, il n'est pas sans intérêt d'établir que la découverte de cette précieuse substance était devenue presque nécessaire. La question sera des plus simples, car il nous suffira de rappeler au cultivateur les deux propositions suivantes :

1° Que les terrains susceptibles d'être cultivés ne contiennent pas tous du Phosphate de chaux ;

2° Que les terrains privilégiés, qui contiennent ce précieux élément de fertilité, sont exposés tous les jours à le perdre, et cela par des causes toutes naturelles.

Si donc, il est des terrains qui ne contiennent pas de Phosphate de chaux, tels que les terrains silico-alumineux de la Bretagne et de la Vendée, les terrains granitiques de l'Auvergne et du Limousin, les landes de la Sologne, et si, comme nous venons de le dire, le Phosphate de chaux est indispensable avant tout au développement des récoltes de plantes nutritives, la première des conditions pour en obtenir, c'est de fournir à ces sols le Phosphate qui leur manque. Avant la découverte du Phosphate minéral, notre agriculture n'avait à sa disposition d'autres moyens que les os et le noir animal. Les bons résultats pratiques obtenus dans ce cas, par l'application des noirs, ne laissent plus aucun doute au cultivateur de nos campagnes. Nous aurons donc à prouver plus tard que le Phosphate minéral peut s'employer dans le même but et avec d'autant plus de succès, que le cultivateur trouve économie à en faire usage.

Démontrons maintenant au cultivateur, comment il peut se faire qu'un sol pourvu naturellement de Phosphate de chaux arrive à s'épuiser de cet agent de fertilisation.

Nous supposerons ici un champ de terre renfermant une certaine proportion de Phosphate de chaux. Laissons par la pensée ce sol abandonné à la végétation naturelle : il va se développer à la surface de ce champ une foule de plantes qui, pour se nourrir, auront besoin de Phosphate ; et ces plantes, au moyen de leurs racines, iront puiser une certaine portion de ce corps au sein de la terre. Si ces plantes périssaient naturellement à l'endroit qui les a vu naître, elles ne feraient, après plusieurs années, qu'enrichir de Phosphate la partie superficielle du sol. Mais même dans la culture pastorale, les choses ne se passent pas ainsi. Les plantes seront mangées par des animaux qui, pour leur développement, leur nourriture, la formation des produits qu'ils peuvent donner, vont s'assimiler le Phosphate des plantes. Les produits de ces animaux, ou eux-mêmes, seront exportés dans les villes pour l'alimentation des populations, et emporteront avec eux tout ce qu'ils auront absorbé de cette substance, et c'est ainsi que, par une loi toute naturelle, notre champ aura perdu une certaine proportion de Phosphate qu'il faudra lui restituer, sous peine de le frapper de stérilité. L'exemple suivant justifiera complètement notre pensée aux yeux du cultivateur.

En 1842, un éleveur anglais du Chershire, nourrissait, par hectare de prairies, trois vaches laitières dont il vendait annuellement le lait. Bien que tout

le fumier, produit par ses trois vaches, fût intégra-
lement reporté sur son sol, qui présentait une certaine fertilité, il vit au bout de quelques années ce
sol devenir stérile. En recherchant avec soin la
cause de cette stérilité, il trouva que ses trois vaches,
au moyen du lait qu'elles lui fournissaient, enlevaient annuellement de son hectare de prairies
30 kilos de phosphate, et l'épuisaient ainsi de cet
élément de fertilisation. Si l'appauvrissement du
sol en phosphate était la seule cause de la stérilité
de sa prairie, l'addition de poudre d'os qui, comme
nous le savons, en contiennent beaucoup, devait
redonner au sol sa fertilité perdue. L'emploi de ce
moyen fut couronné du plus heureux succès et
donna à notre éleveur la preuve évidente que la
végétation des plantes utiles ne peut se passer de
phosphate. Mais si la végétation spontanée, si le
développement des prairies épuise le sol de ses
phosphates, l'épuisement devient beaucoup plus
grand, s'il s'agit de la culture des céréales.

Le blé est une des plantes les plus avides de
phosphate de chaux : 100 kilos de blé en contien-
2 kilos 400. Si tout le blé que le cultivateur récolte
était consommé à la ferme, la presque totalité du
phosphate de chaux qu'il contient finirait par revenir en grande partie au sol qui l'a fourni; mais il
n'en est pas ainsi. La majeure partie est exportée
vers les villes. La majeure partie de la paille du blé,
quoique consommée presque en entier par les ani-

maux, ne revient pas non plus au champ qui l'a
fournie. Le phosphate de chaux, que contient cette
paille, converti en produits animaux divers, est aussi
exporté. Ajoutons que pour obtenir une récolte de
blé, il faut remuer souvent la terre, la labourer à
plusieurs reprises. Les eaux pluviales entraînent
une plus grande proportion de cette terre que si
elle n'était pas cultivée, et alors nouvelle cause de
déperdition de phosphate. Ces causes et bien d'autres encore contribuent puissamment à l'épuisement
des phosphates du sol, qui vont fatalement dans les
profondeurs du sol ou sont entraînés dans la mer
par les cours d'eau.

En présence de ces faits nous ne devons plus
nous étonner que les plaines de la Sicile, que certaines contrées de la Grèce, de l'Asie-Mineure, de
l'Afrique septentrionale et de l'Amérique, qui étaient
jadis si fertiles, soient devenues avec le temps complètement stériles. Cependant rien ne nous prouve
que leur climat soit changé; il faut donc que le sol
de ces contrées ait subi dans sa nature une modification quelconque : et cette modification n'est autre
que son épuisement en phosphate, auquel ne sau-
raient parer les agents atmosphériques, puisque
jusqu'à ce jour on n'a pu trouver cet élément ni
dans l'air, ni dans les pluies. Ce que nous venons
de dire ici justifiera, aux yeux du cultivateur, que la
culture a pour résultat d'épuiser le sol d'un des plus
précieux éléments de fertilité qu'il possède, et nous

ajouterons que le plus grand danger auquel est
exposé le sol bien cultivé, c'est d'être épuisé de
phosphate.

Il n'y a guère qu'une trentaine d'années que
notre agriculture a appris à restituer au sol les
phosphates dont il s'appauvrit chaque jour ; et jusque dans ces derniers temps, le cultivateur, pour
parer à cet appauvrissement, n'avait d'autres ressources que l'emploi des os et du noir animal.
Notons en passant que l'usage des noirs sur les
terres de défrichements exempts de phosphates, est
encore un emprunt de cet élément fait à nos terres
cultivées. Mais aussi, dès que l'agriculture sentit
les bienfaits qu'elle retirait de l'emploi des produits
osseux, comme engrais du sol, on en vit le prix
s'élever et même le besoin s'en faire sentir partout en Europe. C'est alors que l'Angleterre fréta des
vaisseaux, pour aller chercher dans tous les coins
du globe des produits osseux, et malgré cela, le prix
qui s'en maintint assez élevé nous indique assez
qu'ils devenaient de jour en jour moins abondants.
En présence d'un pareil état de choses, qu'y avait-
il de plus rationnel que de rechercher si la terre ne
renfermait pas quelque produit phosphaté minéral,
pouvant combler les pertes du sol et pouvant en
rétablir l'équilibre fertile. C'est dans ce but que des
recherches sérieuses furent faites tout à la fois par
des géologues, des ingénieurs et des savants. Ces
recherches furent, comme nous allons le voir,
couronnées du plus heureux succès.

Ainsi, au moment même où l'agriculture récla-
mait impérieusement l'emploi du phosphate, la Providence nous faisait découvrir des gisements de ces
précieux minéraux, et notre patrie est jusqu'à ce
jour un des pays qui possèdent les gisements de
phosphates les plus considérables du monde entier.
C'est à M. Berthier, ingénieur des Mines, qu'appartient l'honneur d'avoir le premier signalé au monde
savant que certaines substances minérales renferment des proportions notables de phosphate de
chaux. Mais les travaux remarquables de M. Elie de
Beaumont et de bien d'autres savants français et
étrangers vinrent bientôt compléter ces premières
indications de la science. Et il y a quelques années déjà, MM. Demolon et Thurnessen, rendant
pratiques les idées théoriques émises par la science,
annoncèrent au monde agricole qu'ils avaient dé-
couvert dans 39 départements de la France, sur une
étendue de plus de 300 kilomètres, des gisements
de phosphate de chaux d'une puissance et d'une
richesse remarquables. Ils ajoutaient qu'ils étaient
d'une exploitation facile, qui a été réalisée aujour-
d'hui sur une grande échelle par plusieurs sociétés
industrielles dans différentes localités des Ardennes
et de la Meuse.

Telle est la provenance du phosphate minéral
qu'on livre aujourd'hui en quantités considérables
à notre agriculture.

Nous allons maintenant chercher à faire connaître au cultivateur ce qu'est ce phosphate minéral, et quelle est sa composition.

Le phosphate minéral, tel qu'on le retire du sol dans les localités actuellement exploitées, se présente sous forme de pierres ou de petites masses assez souvent arrondies et ayant une couleur gris-verdâtre. Quoique ces pierres soient poreuses, et que mises en tas elles se désagrégent en éprouvant une espèce de délitement analogue à celui de la marne, toutefois on comprend sans peine que, mises à cet état dans le sol, elles resteraient sans action appréciable. Aussi avant de les livrer au cultivateur, l'industrie les fait d'abord laver pour les débarrasser des matières terreuses étrangères et les fait ensuite pulvériser.

C'est donc sous forme de poudre qu'on livre le phosphate minéral à l'agriculture, et cette poudre présente les caractères suivants : elle est d'un gris-verdâtre, d'une densité de 1,43, c'est-à-dire qu'un hectolitre pèse 143 kilos. Si l'on imbibe cette poudre d'eau, elle en retient 20 p. % de son poids. Sa composition est très-complexe et même peut varier beaucoup. Mais la poudre de phosphate minéral qu'on livre à l'agriculture dans nos localités présente en moyenne, au point de vue agricole, les chiffres suivants sur 100 kilos :

| | | |
|---|---:|---:|
| Matières organiques..... | 4 | 50 |
| Phosphate de chaux..... | 41 | 50 |
| Résidu siliceux........ | 42 | 20 |
| Carb. et sels.......... | 11 | 80 |
| | 100 | 00 |

Azote : 33 à 37 grammes par 100 kilos.

En examinant ces chiffres, le cultivateur y reconnaîtra facilement que 100 kilos de phosphate minéral contiennent 41 kilos de phosphate de chaux, c'est-à-dire l'un des corps les plus utiles au développement de ses récoltes.

Quoique renseigné sur la composition du phosphate minéral, le praticien de nos campagnes pourra encore se demander si le phosphate de chaux du phosphate minéral est bien le même que celui des os et des noirs, et si son emploi offrira les mêmes avantages à la production. Il est donc de la plus haute importance que le cultivateur ne conserve aucun doûte sur ce point, et qu'il se persuade bien que le phosphate de chaux minéral jouit des mêmes propriétés que celui des os, et que, comme lui, il sert d'aliment à ses récoltes. Cela est si vrai, qu'à la suite d'expériences théoriques et pratiques, l'honorable M. Bobierre (de Nantes) donnait, sur les résultats obtenus par l'emploi du phosphate minéral, les conclusions suivantes :

2

« 1° Le phosphate minéral des Ardennes, pulvérisé et exposé quelques mois à l'air est assimilable
par les végétaux ;

« 2° Son action favorable, dans les sols granitiques et schisteux, dans les défrichements de landes
et de bruyères, peut varier selon qu'on l'emploie
seul ou associé à des substances organiques ;

« 3° Comme cela se passe dans l'emploi des noirs,
il y a convenance tantôt à associer des substances
organiques au phosphate minéral pour fertiliser les
terres pauvres en agents dissolvants, tantôt au contraire à l'employer seul dans les défrichements où
abondent les détritus organiques ;

« 4° L'addition du sang au phosphate minéral en
poudre fine donne des résultats excellents, au triple
point de vue du rendement en grains, de la vigueur
de la paille et de la précocité des résultats ;

« 5° Le phosphate seul pulvérisé est efficace partout où le noir en grains est utile ;

« 6° Le cultivateur ne devra jamais employer ce
phosphate minéral traité par les acides, que sur les
terres où le superphosphate est actuellement reconnu utile par l'agriculture. »

Ces conclusions ne sont-elles pas des plus rassurantes pour notre agriculture et en même temps
pour ceux mêmes qui exploitent le phosphate minéral dans les Ardennes. Si pourtant elles laissaient

encore quelques doutes aux praticiens qui acceptent
difficilement les expériences lorsqu'elles émanent
des hommes de la science, nous ajouterons : qu'il y
a déjà quelques années que l'honorable M. Bobierre
s'exprimait ainsi sur le phosphate des Ardennes, et
depuis cette époque des milliers d'hectolitres de cet
engrais pulvérisé, ont été employés en Basse-Bre-
tagne sur des défrichements. Les succès obtenus
ont dépassé toutes les espérances. Mais sans aller
chercher si loin, n'avons-nous pas, dans les localités
qui nous avoisinent, des résultats de nature à convaincre les cultivateurs les plus incrédules. Ne
pouvons-nous pas, par exemple, citer les succès
obtenus par M. Lecouteux, à La Motte ; par M. Pinçon, à Marcilly-en-Villette. Les résultats comparatifs obtenus par l'emploi du phosphate minéral et
différents engrais par M. le marquis de Vibraye, à
Cour-Cheverny.

Enfin les expériences faites par M. Menard (de
Huppemeau), non plus sur simple défrichement,
mais sur des terres en pleine culture, par l'association intelligente du phosphate minéral pulvérisé
avec les fumiers ordinaires de la ferme. Nous pourrions multiplier ici ces citations, car le phosphate
minéral a été employé dans bien des localités et par
bon nombre de cultivateurs, mais il suffira de dire
au praticien que partout où il a été employé avec
intelligence, son usage a donné les meilleurs résultats.

En résumé, nous ne craignons pas d'affirmer ici que la découverte du phosphate minéral sera pour notre agriculture l'une des plus fécondes. Car nous pouvons certifier au cultivateur que le phosphate de chaux du phosphate minéral est, comme celui des noirs et des os, un aliment indispensable à nos récoltes. Au moyen du phosphate minéral, le cultivateur peut donc fournir aux sols qui en manquent le phosphate de chaux qui leur est avant tout indispensable. Mais n'oublions pas qu'il lui permettra aussi de parer à l'épuisement en phosphate des terres qui en contiennent naturellement.

Il nous reste maintenant à faire connaître au praticien les règles qu'il devra suivre, pour utiliser avantageusement , dans la pratique , cet engrais minéral soit en l'employant sur des terres de défrichements, soit qu'il l'utilise sur les terres en pleine culture.

C'est ce que nous ferons dans le chapitre suivant.

# CHAPITRE III.

---

**Emploi du Phosphate minéral** (Suite).

Nous avons maintenant à renseigner le cultivateur sur les meilleures conditions de l'emploi de cet
engrais minéral. Nous avons dit qu'il pouvait servir
soit à fournir du phosphate aux terres qui en manquent, soit à parer à l'épuisement des terres qui en
contiennent. Ceci revient à dire que le phosphate
fossile peut être employé sur les terres qu'on défriche
et qu'on désigne sous le nom de *terres neuves*, et
sur les terres en culture, surtout lorsqu'elles ont été
épuisées, et qu'on désigne sous le nom de *vieilles
terres*.

Nous allons donc examiner l'emploi du phosphate minéral dans ces deux cas : cet engrais est
utile, avant tout, sur les terres *schisto-granitiques*,

*schisto-argileuses*, *argilo-granitiques*, ou autrement
sur les terres qui ne contiennent pas de chaux et
qui ne renferment pas de phosphate de chaux. Ces
terres, le cultivateur les reconnaîtra très-bien à leur
végétation naturelle qui se compose de bruyères, de
fougères ou de digitales. C'est dans cet état que se
trouvent la majorité des terres qu'on défriche en
Sologne. Les moyens employés jusque dans ces
derniers temps ont été l'écobuage, le chaulage et le
marnage. Mais le plus prompt, le plus économique,
est, sans contredit, l'usage des noirs. Si nous nous
nous rappelons ici que les noirs agissent sur tous les
sols de défrichements, par le phosphate de chaux
qu'ils y apportent et qui leur manque, le raisonnement seul nous indique de suite que le phosphate
minéral, puisqu'il est riche en phosphate de chaux,
qu'il jouit des mêmes propriétés que celui des os,
doit produire sur les défrichements les mêmes avantages. Les résultats pratiques obtenus en Sologne
par MM. Lecouteux et Pinçon, viennent donner gain
de cause à notre raisonnement. Propriétaires et
fermiers pourront donc employer utilement le phosphate minéral dans leurs défrichements ; mais pour
que l'emploi de cet engrais n'offre pas de déceptions aux praticiens, il devra se trouver dans les
conditions suivantes :

1° Être finement pulvérisé et depuis longtemps ,
2° Contenir au moins 40 p. % de phosphate,
parce qu'alors 100 kilos représentent à peu près un

hectolitre de noir. Il faut insister sur ce point, finement pulvérisé ; car pour produire son effet, le
phosphate de chaux a besoin de devenir soluble, et
l'on comprend facilement que plus il sera divisé,
plus il présentera de chances de solubilité.

Ajoutons maintenant que si la lande défrichée est
riche en débris végétaux, si sa surface est recouverte
d'un terreau noirâtre acide, le phosphate minéral
devra être répandu sur le défrichement quelque
temps avant l'ensemencement. L'acidité du sol, la
décomposition des matières organiques seront suffisantes pour opérer la dissolution du phosphate et
en assurer l'action.

Mais si, au contraire, la lande est maigre et siliceuse, le phosphate minéral, quoique bien et anciennement pulvérisé, ne sera plus suffisant ; il
faudra le mélanger de sang, d'urines, de jus de
fumier, en un mot, de matières organiques qui,
suppléant au terreau acide de la lande, pourront
par leur décomposition jouer le même rôle que
lui, c'est-à-dire faciliter la dissolution du phosphate
et en assurer l'action.

Ces premières règles, le défricheur ne devra pas
les oublier ; elles sont importantes pour assurer le
bon effet du phosphate minéral dans les défrichements de la Sologne. Elles sont, en effet, basées sur
les observations pratiques recueillies sur l'usage des
noirs employés pour le même cas.

### Quantités de Phosphate minéral
### à répandre

Après avoir fait connaître les règles générales auxquelles doit être soumis l'emploi du phosphate minéral dans les défrichements, nous avons à indiquer les quantités qu'on en doit répandre. C'est encore l'usage des noirs qui va nous servir de guide. Nous avons vu qu'on mettait généralement cinq hectolitres de noir par hectare de landes défrichées, et comme ces cinq hectolitres pesant environ 440 kilos, contiennent en moyenne :

| | | |
|---|---|---|
| Humidité | 110k. | » |
| Matières organiques | 49 | 500 |
| Phosphate de chaux | 195 | 800 |
| Résidu siliceux | 33 | 00 |
| Carbonate de chaux et sels | 51 | 700 |

Nous voyons par ces chiffres que nos cinq hectolitres de noir apportent, sur un hectare de défrichement, presque 200 kilos de phosphate. Mais, puisque notre phosphate minéral en contient en moyenne 40 p. %, le calcul établit de suite, que pour porter sur un hectare de défrichement, au moyen du phosphate minéral, autant de phosphate de chaux qu'avec cinq hectolitres de noir, il faut employer 500 kilos de phosphate minéral. Ce sont, en effet, les doses qui ont été employées par nos honorables agriculteurs MM. Lecouteux et Pinçon. Disons toutefois que l'expérience pratique a appris à M. Pinçon qu'il y avait avantage à élever la dose à 600 et même 700 kilos. Nous admettrons donc ici, comme moyenne pouvant servir de base au praticien, le chiffre de 600 à 700 kilos de phosphate minéral, pour remplacer dans les défrichements de la Sologne, la dose habituelle de cinq hectolitres de noir.

Quelques chiffres vont maintenant nous mettre à même de justifier que l'emploi du phosphate minéral offre au praticien une certaine économie qui n'est point à dédaigner. Pour se procurer cinq hectolitres de noir, il faudra débourser en moyenne une somme de 65 fr. ; tandis que les 600 kilos de phosphate minéral qui pourront les remplacer, ne coûteront que 39 fr. : différence à l'avantage du cultivateur, 26 fr. Ces chiffres vont nous permettre encore de démontrer que le phosphate de chaux minéral revient à l'agriculture à bien meilleur marché que le phosphate de chaux des noirs. Car puisque cinq hectolitres de noir contiennent 200 kil. de phosphate et se paient 65 fr., le calcul établit que, dans les noirs, le phosphate revient à l'agriculture à plus de 32 c. le kilo ; tandis que 200 kilos de phosphate étant contenus dans 500 kilos de phosphate minéral, et ces 500 kilos coûtant 32 fr. 50 c., ne mettent le prix du phosphate qu'à 16 c. le kilo ; c'est-à-dire à un prix inférieur de moitié à celui des noirs.

2.

Telles sont les règles que devra suivre le cultivateur lorsqu'il voudra employer le phosphate minéral dans les défrichements.

Voyons maintenant l'emploi du phosphate minéral lorsqu'il s'agira de terres depuis longtemps en
culture : ici la question n'est pas tout-à-fait aussi facile à traiter que pour de simples défrichements. Il
nous faut, en effet, comme nous allons le voir, introduire à la ferme de nouvelles habitudes. Nous
aurons d'abord à distinguer les deux cas suivants :

1° Le cas où il s'agit de vieilles terres épuisées
dont on peut relever la fertilité ;

2° Le cas où nous avons affaire à des terres en
bon état de culture, mais dont on veut éviter l'épuisement en phosphate.

Dans le cas de vieilles terres, comme nous en
avons encore tant en Sologne, terres qui ont été
épuisées par une longue culture, terres dépourvues
d'humus et de principes fertilisants, parce qu'elles
n'ont pas reçu annuellement une quantité d'engrais
suffisante, le phosphate minéral seul, quelle que
soit la quantité qu'on en mette, ne saurait en relever la fertilité. C'est qu'en effet le phosphate de
chaux seul ne peut suffire à la production végétale.
Et quand bien même il pourrait suffire, puisqu'il
est insoluble par lui-même, il faut encore qu'il rencontre dans le sol des éléments qui l'amènent à
l'état de solubilité; car c'est dans cet état seul qu'il
peut servir d'aliment à nos récoltes. Quelles sont

donc les matières qui faciliteront la dissolution du phosphate ? Ce sont l'humus et les matières organiques qui, comme nous le savons, abondent généralement dans les défrichements, et qui ne manquent pas dans nos terres en bon état de culture, mais qui font défaut sur les vieilles terres. Il faut donc de toute nécessité associer le phosphate minéral à du fumier ou à toute autre matière organique azotée qui, remplaçant l'humus du sol, faciliteront la dissolution du phosphate et rendront ainsi son action productive.

Pour employer utilement le phosphate minéral sur les vieilles terres, le cultivateur, s'il a du fumier à sa disposition, devra procéder ainsi : donner à un hectare de vieille terre une fumure d'au moins 10 à 12,000 kilos de fumier, en ayant soin de bien mélanger à cette masse de fumier, quelque temps avant de la répandre, au moins 500 kilos de phosphate minéral bien pulvérisé. Mais si le fumier manque, comme cela arrive trop souvent, c'est alors qu'en homme intelligent, il doit y suppléer par la préparation de composts analogues à l'engrais Jauffret, c'est-à-dire préparés avec toutes espèces de plantes inutiles, digitales, fougères, bruyères, feuilles, le tout arrosé de liquides azotés fermentescibles, tels que jus de fumier, urines, sang liquide et matières fécales. De pareils composts préparés avec intelligence devront recevoir aussi, quelque temps avant leur épandage, 500 kilos de phosphate fossile par quantité de 10,000 kilos de composts que l'on devra répandre sur un hectare de vieilles terres.

Tels sont les moyens les plus efficaces pour employer avec avantage le phosphate minéral sur les terres épuisées, moyens qui nous paraissent les plus rationnels pour relever la fertilité des vieilles terres, à moins qu'elles ne soient formées que de sable, cas où il n'y a pas d'autre ressource que de les planter en sapins.

Dans le cas de terres en bon état de culture, comme il y en a tant en Beauce, le cultivateur, au premier abord, ne comprendra pas beaucoup l'utilité de l'emploi du phosphate minéral sur ces terres productives qui, par cela même, ne manquent pas de phosphate de chaux. Mais n'avons-nous pas indiqué que bien des causes naturelles tendaient à appauvrir le sol de ce puissant élément de fertilisation. Ajoutons encore ici que le système de culture généralement suivi en Beauce, l'assolement triennal, est celui qui épuise le plus le sol de phosphate.

En présence de cet état de choses, pour maintenir l'équilibre fertile de ses terres, le cultivateur, en homme prudent, pourra avoir recours à l'usage du phosphate minéral employé comme il suit : pour une ferme ordinaire, 300 à 350 kilos de phosphate minéral représentant 120 à 140 kilos de phosphate semé de temps en temps sur la litière des étables ou stratifié avec le fumier. Par ce moyen facile et peu coûteux, le cultivateur n'aurait guère à craindre de voir ses terres s'épuiser de ce précieux corps.

Enfin le phosphate minéral peut encore servir à la production de l'engrais, bien employé en Angleterre, et connu sous le nom de phosphate acide de chaux ou super-phosphate de chaux soluble. Nous avons vu que le phosphate des os était insoluble, mais que si on le traitait par l'acide sulfurique (huile de vitriol du commerce), il se faisait du plâtre et un nouveau composé de phosphate de chaux qui, par cela même qu'il a la propriété de se dissoudre très-facilement dans l'eau, est appelé phosphate de chaux soluble. Eh bien ! le phosphate minéral est aussi insoluble, mais traité par l'acide sulfurique, il se comporte comme celui des os, donne naissance à du plâtre et à du phosphate de chaux soluble. Ce phosphate de chaux soluble constitue un nouvel engrais d'une certaine importance, mais que le cultivateur ne devra jamais employer sur les terres de défrichements, sur les terres non calcaires. Il fournira de bons résultats sur les terres calcaires en bon état de culture. C'est surtout en Angleterre qu'il est employé pour favoriser la production des racines, telles que navets, turneps et betteraves. Son action se fait surtout sentir lorsqu'on a eu soin de l'associer à des matières azotées ou des sels ammoniacaux, comme le justifie l'expérience suivante faite sur la culture de l'orge :

| Terres sans engrais. | | Phosphate soluble seul. | | Phosphate soluble et Sels ammoniacaux. | |
|---|---|---|---|---|---|
| Boisseaux par acre de terre. | | Boisseaux par acre de terre. | | Boisseaux par acre de terre. | |
| 1852 . . . . | 27,1 | 1852 . . . . . | 28,1 | 1852 . . . . . | 38,2 |
| 1853 . . . . . | 25,3 | 1853 . . . . . | 33,3 | 1853 . . . . | 40,0 |
| 1854 . . . . . | 35,0 | 1854 . . . . . | 40,2 | 1854 . . . . . | 60,2 |
| 1855 . . . . . | 31,0 | 1855 . . . . | 36,0 | 1855 . . . . . | 47,3 |

En présence des avantages que peut procurer le phosphate soluble, associé à des matières azotées, pourquoi nos cultivateurs ne cherchent-ils pas à l'utiliser? On peut le trouver aujourd'hui dans le commerce des engrais, et du reste il sera facile au cultivateur de l'obtenir à la ferme quand il le voudra; car sa préparation est si simple, que nous devons la mettre sous ses yeux. Il suffit, en effet, de mélanger dans un baquet en bois 100 kilos de phosphate minéral à 40 p. % de phosphate avec 25 kilos d'acide sulfurique étendu de 25 litres d'eau, et de laisser le tout en contact pendant quarante-huit heures, en remuant de temps en temps avec un bâton. Il se formera du phosphate soluble et du plâtre, et la masse se desséchera facilement. Ce phosphate soluble ainsi obtenu, le cultivateur pourra sans peine y introduire de l'azote au moyen de matières azotées, telles que matières fécales, sang, bouses de vache, crottins de cheval, de mouton, ou même en le mélangeant avec de la terre et du Guano du Pérou. Pour le répandre, on a l'habitude de le mé-

langer avec de la terre pour en faciliter l'épandage,
et on le sème en ligne, en même temps que les semences. La pratique justifie qu'il accélère la crois-
sance des plantes pendant leur jeune âge et
augmente par-dessus tout la proportion des racines,
par rapport aux feuilles.

Quant aux quantités de cet engrais qu'il faudrait
répandre, pour fumer convenablement un hectare de
terre, il suffirait du traitement de 200 kilos de
phosphate minéral par 50 kilos d'acide sulfurique
du commerce, étendu de 10 kilos d'eau, mélangé de
matières azotées (pour un hectare de navets, de
turneps). Le prix d'une pareille opération faite à la
ferme, non compris la main-d'œuvre et les matières azotées, s'éleveront aux chiffres suivants :

200 kilos de phosphate minéral......   13 fr.
  50 kilos d'acide sulfurique, à 66.....   10
                                Total.......   23 fr.

Nous avons vu tout-à-l'heure qu'on s'en était
servi avec succès pour la culture de l'orge ; eh bien !
il en a été employé dans ces dernières années des
quantités considérables pour cette culture, et l'expérience pratique a démontré qu'il y avait avantage
à diminuer de moitié la dose que nous venons d'indiquer, et à mélanger ce phosphate soluble avec
parties égales de terre et de Guano du Pérou, de
répandre l'engrais en le semant à la volée, de don-

ner ensuite un léger labour, un coup de herse, et par-dessus de répandre la semence.

Enfin, quoique l'emploi du phosphate soluble ne soit point encore entré dans les habitudes de nos contrées, nous pensons que nos cultivateurs de la Beauce pourraient et devraient même en essayer avec prudence et intelligence, c'est-à-dire en cherchant à se rendre compte si son usage donne lieu à une augmentation de récoltes ; en un mot, si l'accroissement des produits dépasse les frais, que peut nécessiter son emploi.

Nous venons d'exposer l'origine, les propriétés et l'emploi du phosphate minéral. Nous pouvons donc, en résumé, rappeler au cultivateur, pour qu'il ne les oublie pas, les points suivants :

La découverte et l'exploitation industrielle du phosphate minéral est appelée à jouer un rôle des plus importants dans notre agriculture.

En général, son emploi intelligent remplacera avantageusement et économiquement l'usage des noirs, sur les premiers défrichements des landes de la Sologne. Nous insistons avec intention sur ce mot *premiers défrichements*.

C'est qu'en effet l'usage des noirs permet d'obtenir quatre bonnes récoltes successives, c'est que la lande défrichée était très-riche en humus, ou que les noirs qu'on y applique sur troisième et quatrième défrichements sont riches en matières organiques. S'il en était autrement, les faits pratiques sont là pour nous démontrer qu'il y a diminution dans les récoltes. Or, puisque le phosphate minéral n'apporte point par lui-même de matières organiques, il sera toujours sage de la part du cultivateur qui opère sur troisième et quatrième années de défrichements, s'il veut employer du phosphate minéral, de l'associer à du fumier pour suppléer à l'humus du sol enlevé par les récoltes précédentes, et cela sous peine d'abaissement dans les produits de ses récoltes.

Le phosphate minéral étant associé à du fumier, ou mélangé avec des matières organiques fermentées, ou formé de composts, offre le moyen le plus rationnel de relever la fertilité des vieilles terres épuisées. Le phosphate minéral intelligemment distribué dans le fumier des terres en bon état de culture, offre au praticien un moyen facile de parer à l'épuisement en phosphate de ces terres.

Enfin le phosphate minéral peut encore servir à la fabrication économique du phosphate de chaux soluble que pourrait peut-être utiliser avec avantage notre agriculture ; mais dont l'emploi ne saurait se faire que sur des sols naturellement calcaires, déjà chaulés ou marnés précédemment.

# CHAPITRE IV.

---

## Du Sel marin ou Sel commun.

L'emploi en agriculture du sel marin, ou sel ordinaire de cuisine, soit que le cultivateur s'en serve comme engrais du sol, soit qu'il veuille l'utiliser dans l'alimentation de son bétail, fait naître une double question qui n'est pas sans importance. Quoique depuis longtemps cette question préoccupe vivement les savants et les agronomes, elle laisse encore beaucoup à désirer. Nous allons néanmoins l'examiner à son double point de vue et voir si nous pourrons indiquer au cultivateur quelques notions dont il pourra tirer parti dans la pratique.

### Emploi du Sel marin comme engrais.

Quoique l'emploi du sel, comme moyen de fertiliser le sol, ait été mis en usage par les anciens qui
l'utilisèrent dans leur fumier, jamais substance n'a
soulevé, dans dans son emploi, autant de controver-
ses parmi les agronomes. C'est qu'en effet, ceux qui
l'avaient employé dans de bonnes conditions et auxquels il avait donné par cela même de bons résultats, voulaient, dans leur enthousiasme irréfléchi,
qu'on l'appliquât indistinctement à tous les sols et
pour tous les genres de cultures.

Ceux, au contraire, chez lesquels l'emploi du sel
mal dirigé ou mal compris, n'avait pas produit de
bons résultats, répétaient sans cesse ce que l'on
trouve écrit dans la *Bible* et les auteurs anciens :
*Que si l'on veut frapper un champ de stérilité, il n'est
pas de moyen plus sûr pour y parvenir que d'y répandre du sel en abondance.* En présence d'opinions si
divergentes, nous avons à rechercher et à donner
quelques principes utiles au cultivateur. Nous établirons d'abord que l'analyse constate, dans toutes
nos récoltes, la présence d'une certaine quantité de
sel, qui est variable pour chaque récolte et qui n'est
pas considérable, puisqu'une récolte de betteraves,
qui est celle qui en enlève le plus, n'en prend au
sol que 18 kilos.

Mais, quoique les plantes qui forment la base de

nos cultures ne renferment qu'une petite quantité de sel marin, puisqu'elles en contiennent toutes, nous sommes en droit d'admettre que le sel en petite quantité est utile à la production végétale, et que si le sol n'en contenait pas, ce qui serait une exception, il faudrait de toute nécessité lui en fournir.

Mais si, d'autre part, nous considérons que tous les sols, même les plus incultes, renferment du sel qui leur est apporté annuellement par les pluies; que les sols cultivés ne peuvent manquer d'en recevoir, soit par les pluies, soit par les fumures; si nous constatons en outre qu'une fumure annuelle de 10,000 kilos ramène au sol 68 kilos de sel marin, c'est-à-dire une quantité bien supérieure à celle prélevée par les récoltes qui en enlèvent le plus; si nous ajoutons que les faits pratiques nous ont appris que tout sol fertile, dont le fond est humide, ne peut renfermer dans sa masse plus de 2 p. % de son poids de sel, sans cesser d'être productif, et qu'à un sol naturellement sec, 1 p. % de sel suffit pour le rendre stérile, nous arriverons facilement à cette conclusion que l'emploi du sel comme engrais n'a aucune importance, et qu'il n'y a pas lieu pour le cultivateur de s'en occuper.

Voyons maintenant les expériences pratiques faites avec le sel employé comme engrais.

En premier lieu nous voyons que M. Lecoq, de Clermont, établissait, en 1832, que les doses les plus productives du sel paraissent être :

150 kilos par hectare de luzerne ;

250 kilos pour le froment et le lin ;

300 kilos pour l'orge et les pommes-de-terre.

Au-delà de ces quantités, dit M. Lecoq, le sel agit d'une manière fâcheuse.

En second lieu nous aurons les résultats d'expériences faites en 1846 par MM. Faucher, Girardin et Dubreuil. Nous allons voir que les doses indiquées par M. Lecoq sont beaucoup plus faibles, au moins pour la culture du blé.

La terre qù'avaient choisie ces expérimentateurs, était argilo-calcaire, d'humidité moyenne, ensemencée en blé russe, fait sur trèfle et ayant reçu une demi-fumure.

Les résultats de leurs essais se résument ainsi :

1° L'emploi du sel dans les proportions de 200 à 500 kilos a augmenté le produit de la récolte ;

2° La dose la plus productive du sel répandu à l'état solide a été de 400 kilos par hectare ;

3° La dose la plus favorable à la production de la paille a été de 4 à 500 kilos par hectare ;

4° La dose la plus favorable à la production du grain a été de 3 à 400 kilos par hectare.

Quel peu de concordance dans les résultats obtenus par ces divers expérimentateurs animés du même désir, celui d'être utile à notre agriculture !

Ainsi, d'après M. Lecoq, la dose de sel la plus favorable à la production du blé sera 250 kilos, tandis que d'après MM. Faucher, Girardin et Dubreuil, il faudrait aller jusqu'à 4 et 500 kilos : au-delà de ce chiffre, ces messieurs indiquent aussi au praticien que l'emploi du sel devient nuisible aux récoltes.

Nous voyons encore, d'après les expériences de Kulhmann, que le sel exerce une heureuse influence sur la production des prairies artificielles, surtout lorsqu'il est associé avec des sels ammoniacaux. Tandis que, d'après les expériences faites sur différentes cultures par Mathieu de Dombasle, le baron Dauzier, Braconnot et la Société d'agriculture de la Sarthe, l'emploi du sel, comme engrais, donne des résultats négatifs.

Ces contradictions dans les résultats de l'emploi du sel, comme engrais, ne sont guère de nature à engager le cultivateur à en faire usage.

Mais cela ne vient-il pas de ce que, dans les expériences, on n'a pas tenu suffisamment compte de cette grande vérité : *Qu'un engrais minéral quelconque, comme par exemple le plâtre, la chaux, la marne, le phosphate de chaux minéral*, ne saurait seul suppléer à l'humus du sol. Nous avons cherché à établir ce principe en disant : que le plâtre aura d'autant plus d'action que le sol sera plus fertile; qu'après un chaulage ou un marnage il faut d'abondantes fumures; que le phosphate minéral ne donnera de bons résultats qu'à la condition que les landes sur lesquelles on le répandra, seront riches en humus acide, et que s'il en est autrement, il faudra y associer du fumier ou des matières organiques. Ne pouvons-nous pas conclure que, pour exercer sur nos récoltes une action bienfaisante, le sel doit se trouver dans certaines conditions avantageuses. Car si nous interrogeons le grand livre de la nature, les faits ne vont pas nous manquer pour prouver au cultivateur que le sel exerce sur la végétation une action bienfaisante, quand son emploi est approprié au sol, aux cultures et convenablement répandu.

A l'appui de ce que nous avançons ici, nous citerons l'abondance et la qualité de l'herbe qui croît sur les bords de la mer, les prairies fertiles qui avoisinent les salines de la Meurthe, du Jura et du Doubs, la puissance, comme engrais, des plantes marines, qui sont tant recherchées dans certaines localités, et qui, comme nous l'avons vu dans l'étude du Goëmon, contiennent une notable quantité de sel, la valeur fertilisante qu'acquièrent les fumiers, lorsqu'ils sont arrosés avec l'eau de la mer, comme cela se pratique dans certaines contrées de la Bretagne. Citons encore l'action favorable des composts que l'on fait en Angleterre avec de la terre, de la chaux et du sel, l'emploi comme engrais des saumures qui viennent de la salaison des harengs, comme cela se pratique dans les environs de Dieppe, Saint-Valéry et dans d'autres petits ports de la haute Normandie, enfin l'usage habituel en Suisse de saler les purins pour augmenter leur valeur fertilisante. En voilà assez pour prouver au cultivateur qu'il est

certains cas, certaines conditions où l'emploi du sel
peut être très-avantageux. C'est donc au praticien,
lorsqu'il voudra utiliser le sel comme engrais, de
chercher à suivre les lois de la nature. Et nous
allons voir que cela lui sera facile.

Evidemment, si les prés situés sur les bords de la
mer, si les prairies qui avoisinent nos salines, doivent leur fertilité à la présence du sel qui leur est
apporté continuellement sous forme de brouillards
ou de pluies fines, ces terres doivent être naturellement humides. Le cultivateur qui voudra se servir du sel comme engrais, pour ses prés et ses
prairies, imitant les bons enseignements que lui
donne la nature, devra choisir, pour son emploi,
des terres naturellement humides, leur apporter le
sel à l'état de faible dissolution dans l'eau, dans le
purin, et le répandre de temps en temps le matin en
arrosements. Dans le cas où il voudrait l'employer
sur d'autres cultures et sur des terrains secs et calcaires, voici ce qu'il fera : il devra le mélanger soit
avec ses fumiers ou bien le faire dissoudre dans l'eau
et en arroser des composts qui contiendraient de la
chaux. A l'appui encore des exemples de bons
effets du sel mélangé dans les fumiers, nous citerons les résultats obtenus par M. Menard (de Huppemeau), cultivateur distingué de nos localités, en
incorporant dans ses fumiers une certaine quantité
de sel marin et de phosphate minéral.

Enfin, quel que soit le sol auquel on le destine,

quelles que soient les cultures auxquelles on l'applique, le cultivateur prudent ne devra pas dépasser la dose de 200 à 300 kilos de sel par hectare.

Telles sont les règles que devra suivre le cultivateur dans l'emploi du sel marin, comme engrais ; et les sels provenant des salaisons seront pour cela les plus avantageux, parce qu'ils sont les moins coûteux et qu'ils pourront apporter en outre au sol un peu de matières organiques azotées.

## Mode d'action du Sel.

Nous avons vu que toutes les terres en culture contiennent du sel en quantité suffisante pour les besoins de nos récoltes ; nous avons établi que les fumures en apportent toujours aux terres plus que nos récoltes n'en peuvent enlever. En présence des résultats pratiques auxquels l'emploi du sel bien dirigé peut donner lieu, il est bien naturel que le cultivateur intelligent se demande comment il se fait que le sel, quand il est bien employé, peut lui fournir de bons résultats.

Quoique la théorie de l'action qu'exerce le sel sur nos récoltes ne soit pas encore connue d'une manière positive, il est pourtant quelques données sérieuses qui vont nous permettre d'en faire comprendre les effets. Le sel est un composé qui, placé dans certaines conditions, peut se transformer en

3

carbonate de soude. Or, le carbonate de soude,
comme le carbonate de potasse, est un alcali, c'est-
à-dire un de ces corps que nous avons reconnus
comme les plus nécessaires à la production végétale.
Si donc, nous pouvons faire comprendre au praticien
que le sel placé dans le sol peut se transformer
en carbonate de soude, nous aurons probablement
prouvé qu'en introduisant du sel dans son champ,
il arrive à lui fournir un des corps les plus nécessaires au développement de ses récoltes, puisque
toutes en contiennent. Pour démontrer qu'il peut en
être ainsi, il suffit de dire que lorsqu'on arrose
d'eau salée un mélange de sable et de calcaire, et
que ce mélange reste au contact de l'air, il se forme
à la surface des efflorescences de carbonate de
soude. Ce fait peut bien faire supposer que le sel
introduit dans un sol calcaire donne naissance à du
carbonate de soude ; alors ce n'est pas comme sel
qu'il agira, mais parce qu'il fournira aux plantes un
élément alcalin qui leur convient. Cette théorie
nous permet en outre d'expliquer les divergences
d'opinions sur l'emploi du sel, car nous voyons que
le sel sur un sol peu calcaire ne peut pas se transformer aussi facilement en alcali, et, par cela même,
ne produit pas d'effet avantageux. Et s'il est répandu sur un sol sec, il agit, au contraire, comme
caustique et détruit les feuilles des jeunes récoltes.

### Emploi du Sel dans l'alimentation du bétail.

L'emploi du sel dans l'alimentation du bétail, question qui intéresse à un si haut point la santé des animaux, est aussi loin d'être soumise à des règles fixes et invariables. La science nous apprend bien qu'il n'est pas un liquide animal où l'on ne retrouve du sel ; mais elle nous apprend aussi qu'il n'est pas de substance servant de nourriture aux animaux, qui ne contienne du sel, en proportion variable. Pour le cultivateur, la nécessité du sel dans l'alimentation de son bétail doit lui être suffisamment prouvée par l'avidité avec laquelle les animaux se précipitent sur cette substance, quand on la leur présente. Nous pouvons donc dire que le besoin du sel est naturel chez les animaux ; et nous ajouterons que dans certains cas il doit remplir un rôle hygiénique ; car nous le voyons contribuer à prévenir la cachexie chez les moutons, qui vivent dans des contrées marécageuses et humides. Nous le voyons rendre appétissants et salubres des fourrages avariés, et quand il est ingéré en proportions convenables chez un animal bien portant, il rendra le poil de cet animal plus souple et plus luisant. En raison de ce double rôle si salutaire à l'économie animale, nous voyons combien il serait avantageux de donner au praticien des règles fixes sur son emploi. En un mot, il faudrait lui indiquer d'une

manière exacte quels sont les aliments qu'il devra
saler, et en quelle proportion. Mais la question,
toute simple qu'elle paraisse au premier abord, n'est
pas si facile qu'on pourrait le supposer ; car il nous
faudrait :

1° Connaître d'une manière exacte la quantité de
sel nécessaire à l'économie animale ;

2° Connaître aussi d'une manière exacte les quantités de sel contenues dans les diverses rations destinées à l'alimentation.

Pour le premier point, nous trouvons que quelques agronomes sérieux, à la suite d'observations
pratiques bien suivies, ont établi : *que la quantité
de sel nécessaire aux animaux pour qu'ils puissent
conserver un état de santé satisfaisant*, était de
8 grammes de sel par jour pour 100 kilos de poids
vivant.

Il faut prouver d'abord que ce chiffre ne saurait
être invariable, car en admettant 8 grammes de sel
par 100 kilos de poids vivant, il faudrait qu'un bœuf
de 500 kilos reçût dans sa ration journalière 40 gr.
de sel, et le raisonnement indique que cette
quantité de 40 grammes de sel est insuffisante pour
une vache laitière du poids de 500 kilos, donnant
journellement 10 à 12 litres de lait, qui évidemment
entraîne une certaine portion de sel.

En admettant même le chiffre de 8 grammes par
100 kilos de poids vivant, comme nécessaire à la
ration journalière d'un animal, nous voyons que

pour observer ce chiffre il faudrait que le cultivateur connût d'une manière exacte la quantité de sel
contenue dans chaque ration. Mais même en mettant sous les yeux du cultivateur les quantités de
sel que l'analyse constate dans diverses rations, il
va nous être facile de voir que la difficulté n'est pas
vaincue ; car les quantités de sel contenues dans
100 kilos de divers fourrages, vont varier suivant les
localités.

Sel marin contenu dans 100 kilos de fourrages à
leur état normal de dessiccation (suivant MM. Boussingault et Isidore Pierre) :

| | Récolté en Alsace. | Récolté en Allemagne. |
|---|---|---|
| Foin de prairie naturelle....... | 255 gr. | 402 gr. |
| Trèfle ..................... | 261 | 407 |
| Regain de luzerne............ | 151 | 151 |
| Paille de froment.... ........ | 53 | 50 |
| Balles de froment.. ......... | 140 | 140 |
| Paille de seigle ..... ........ | » | 50 |
| Fèves des marais............. | 35 | 75 |
| Pois....................... | 5 | 14 |
| Pommes-de-terre.......... .. | 43 | 66 |
| Pulpe de pommes-de-terre..... | 14 | 14 |

En adoptant ces chiffres si peu concordants, le
cultivateur qui voudrait se soumettre à donner journellement 8 grammes de sel par 100 kilos de poids
vivant, serait obligé d'avoir souvent recours à l'analyse, ce qui dans une ferme est impraticable. Nous
trouvons, en effet, qu'un bœuf du poids de 600 ki--

los qui devrait recevoir, d'après ce que nous venons de dire, 48 grammes de sel par jour, en recevrait avec 24 kilos de foin d'Alsace, 62 grammes et 96 grammes si le foin était d'Allemagne. Dans ces deux cas, la quantité indiquée serait dépassée. Mais les choses seraient tout autres, s'il s'agissait de remplacer le foin par une ration mixte équivalente, composée de pulpes de pommes-de-terre, de paille de seigle et de pois. Dans cette question, comme dans bien d'autres, il nous est impossible de donner encore au cultivateur rien d'absolu. En outre, il faut prendre en considération la qualité de l'eau qui peut servir de boisson aux animaux. Il est certaines eaux qui pourront contenir 7 à 8 grammes de sel par hectolitre, tandis que d'autres en renfermeront davantage.

D'après tout ce que nous venons de mettre sous les yeux du lecteur, nous voyons qu'il est impossible de déterminer d'une manière exacte la dose du sel à introduire dans le régime alimentaire des animaux. La raison indique qu'il y a nécessité de saler certains aliments, tels que les fourrages avariés, pulpes de pommes-de-terre, de betteraves, les racines que l'on fait cuire, parce que ces dernières substances alimentaires ont perdu la majeure partie de leur sel naturel. Pour le reste, nous conseillerons aux cultivateurs de chercher à suivre les indications fournies par la nature. Puisque les animaux obéissent à des instincts naturels qui ne les trompent pas, donnons-leur du sel autant qu'ils en voudront, et

nous pourrons compter sur leur tempérance. Le
moyen est simple et facile : le cultivateur, s'il a du
sel gemme à sa disposition, en suspendra quelques
morceaux dans les étables et à la portée des animaux, qui iront le lécher quand leur estomac en
sentira le besoin. Si au contraire on veut se servir
de sel ordinaire, on le mettra dans un sac humide
que l'on suspendra à la portée des animaux. Tel est
le moyen employé depuis longtemps et avec un plein
succès dans plusieurs pays étrangers, moyen que
nous pourrions employer également dans nos contrées.

# CHAPITRE V.

---

## Nitrates.

Nous avons établi, en principe, que parmi les éléments les plus utiles à la production végétale se trouvait l'azote. En examinant plus tard la valeur fertilisante du sang, de la chair, des cornes, des laines, des tourteaux, nous cherchions à prouver que la valeur de cet engrais, valeur consacrée par la pratique, était en grande partie due à l'azote que contiennent ces mêmes matières. Enfin, pour faire comprendre comment l'azote de ces corps pouvait passer dans les récoltes, nous avons dit que ces engrais en se décomposant produisent de l'ammoniaque, composé, azoté, soluble, forme sous laquelle nous admettons que l'azote peut nourrir nos récoltes. Il est donc constant, jusqu'ici,

que le moyen de fournir à nos terres l'azote dont
elles ont besoin, est d'employer des matières organiques, c'est-à-dire des matières animales ou végétales. Mais le cultivateur ne doit pas ignorer
qu'il est certaines matières minérales naturelles
qu'on désigne sous le nom de nitres ou de nitrates
qui peuvent aussi lui procurer de l'azote. Nous allons voir tout-à-l'heure qu'elles renferment de
l'azote en proportion notable et qu'elles peuvent
être utilisées, quand les circonstances le permettent,
pour fournir aux terres l'azote nécessaire à nos récoltes.

Nous avons donc à faire connaître au praticien
ces nouveaux corps azotés, à lui mettre sous les
yeux les expériences pratiques auxquelles leur
emploi a donné lieu, et comme leur prix commercial est encore trop élevé pour qu'il puisse les utiliser directement, il faut lui donner les moyens de
les produire lui-même à la ferme, car ils jouent un
rôle des plus importants dans la production végétale.

On désigne sous le nom de nitres ou de nitrates
des composés minéraux, renfermant de l'azote. Ce
gaz que contiennent ces corps est d'abord uni à
l'oxigène pour former de l'acide nitrique. Cet acide
s'unissant à son tour à de la potasse, à de la soude
ou à de la chaux, constitue les nitres ou nitrates de
potasse, de soude, de chaux, et ce sont ces composés qui, comme nous allons le voir, sont pour
le cultivateur une nouvelle source d'azote.

3.

Cherchons maintenant d'où viennent ces composés minéraux azotés. Si dans l'état actuel de nos connaissances leur formation ne nous est encore pas bien connue, nous savons du moins, par M. Boussingault, qu'on en peut constater la présence dans toutes les terres fertiles, notamment dans les terres de jardin. Nous savons, en outre, que dans certaines contrées méridionales, en Italie, en Espagne, il suffit dans certaines localités de labourer plusieurs fois la terre pour obtenir, quelque temps après, en lessivant cette terre, une certaine proportion de nitrate de potasse, désigné vulgairement sous le nom de *salpêtre*. Mais la source la plus abondante de ces composés azotés se trouve dans l'Amérique du Sud. Il est certaines localités du Pérou, où l'on trouve à la surface du sol des quantités considérables, soit de nitrate de potasse, soit de nitrate de soude. Ce dernier se trouve en dépôts immenses, qui sont exploités, pour être expédiés, soit en France, soit en Angleterre. Remarquons ici que parmi les quantités apportées en Angleterre, la majeure partie est enlevée et employée par l'agriculture de cette contrée. Voilà d'où vient la plus grande quantité de nitrates, et ceux que l'on peut le plus aisément se procurer par la voie du commerce, sont : le nitrate de potasse et le nitrate de soude ; leur composition se représente ainsi :

| 100 kilos nitrate de potasse contiennent : | 100 kilos nitrate de soude contiennent : |
|---|---|
| 13 kil. 780 g. azote. | 16 kil. 420 g. azote. |
| 46 kil. 530 g. potasse. | 36 kil. 470 g. soude. |

Ces chiffres démontrent que les nitrates accusent une richesse notable en azote ; mais il faut remarquer qu'ils apportent, en outre, une autre valeur agricole importante. Ce sont les alcalis, potasse ou soude. Le nitrate de soude étant le plus riche en azote et le moins coûteux, c'est celui que devra préférer le cultivateur pour son emploi.

Mais malgré leur richesse en azote, l'on conçoit facilement que le cultivateur de nos campagnes éprouve, au premier abord, un certain doute et une certaine défiance sur l'action de pareilles substances minérales. Nous lui avons jusqu'à ce jour montré l'azote sous la forme de matière animale ou végétale, nous ne serions donc point étonné de le voir se demander si c'est bien le même azote que celui qu'il trouve dans ses fumiers. S'il est encore le même que l'azote contenu dans la viande, dans le sang, dans les Guanos ; si, en un mot, l'azote des nitrates aura la même action fertilisante sur ses terres. Nous le rassurerons d'abord, en lui disant qu'il n'y a pas deux azotes dans la nature ; que les nitrates étant tous très-solubles dans l'eau, leur azote est dans les conditions les plus favorables pour faire partie constituante de la sève, en un mot, très-propre à fournir aux récoltes l'azote qui leur est nécessaire. C'est en effet ce que démontrent les curieuses expériences de M. Boussingault qui, dans un sol artificiel, fait avec un mélange de sable, de cendres, de phosphate de chaux et de nitrate de soude, a pu faire arriver des plantes à leur entier développement. Mais nous voyons de suite qu'un pareil sol ne contenait ni humus, ni matière organique capable de fournir de l'azote. Or, puisque les plantes en ont besoin, celles qui ont crû sur le sol artificiel de M. Boussingault, n'ont pu emprunter leur azote qu'à l'air ou au nitrate de soude, et M. Boussingault s'est assuré que l'azote qu'elles contenaient venait du nitrate de soude mélangé à la terre artificielle.

Enfin, pour ne laisser aucun doute dans l'esprit du cultivateur sur la valeur de l'azote des nitrates, examinons les résultats pratiques obtenus à l'aide de leur emploi comme engrais :

### Résultats obtenus par l'emploi des Nitrates.

On a successivement employé, comme engrais, les nitrates de potasse, de soude et de chaux. Mais c'est surtout avec le nitrate de soude que des expériences sérieuses ont été faites, tant en Angleterre qu'en France. M. Kulhmann, en France, a d'abord employé le nitrate de soude en arrosements sur les prairies, à des doses variables et en le faisant dissoudre dans 325 hectolitres d'eau. Il a obtenu les chiffres comparatifs suivants :

| Années. | Sur un premier hectare, | Sur un 2e hectare, | Foin. | Plus-value |
|---|---|---|---|---|
| | Sans engrais. | Avec nitrate. | | |
| 1843.... | 4,000 kil. foin. | 265 kilos. | 5,727 kilos. | 1,717 kilos. |
| 1844.... | 3,820 — | 250 — | 5,690 — | 1,870 — |
| 1845.... | 4,486 — | Pas d'engrais | 4,390 — | » |
| 1846.... | 3,830 — | 200 kilos. | 5.385 — | 1,555 — |

Ces chiffres nous prouvent d'une manière évidente que le nitrate de soude exerce une influence heureuse sur le développement de nos prairies, et de pareilles expériences répétées en Angleterre ont fourni des résultats à peu près analogues. Mais s'il est utile au cultivateur de connaître la valeur des engrais qu'il emploie, il est aussi très-important qu'il se rende un compte exact des frais qu'occasionne leur emploi; en un mot il doit avant tout se préoccuper de savoir si les résultats qu'il obtient couvrent ses dépenses, et calculer ensuite ses bénéfices. Voyons donc si la plus-value de récolte, obtenue sous l'influence du nitrate de soude, couvre les frais et donne des bénéfices. Si nous prenons pour base de nos calculs la dernière expérience, nous trouvons qu'en 1846 on a obtenu, *sans engrais*, sur un hectare de terre, 3,830 kilogrammes de foin, et par le concours de 200 kilos de nitrate de soude 5,383 kilogrammes de foin; il y a donc eu bénéfice de 1,553 kilogrammes de foin.

En mettant le prix de 1,000 kilos de foin à 50 fr.,
on aurait une plus-value de récolte de 76 à 78 fr.
Mais les 200 kilos de nitrate de soude, y compris le
droit d'entrée, se vendent encore aujourd'hui 40 fr.
les 100 kilos. Nous voyons que, dans ce cas, l'emploi
du nitrate de soude est impossible pour le cultivateur, puisque cela lui constitue une perte réelle
d'environ 2 fr. par hectare, sans compter les frais
qu'a pu occasionner le travail de l'épandage de cet
engrais.

### Expériences faites sur le froment.

Si maintenant nous examinons les résultats obtenus par l'emploi du nitrate de soude sur la culture
du froment, nous allons constater les avantages
obtenus dans la production. Mais ici, encore, la
plus-value de récolte obtenue, loin de donner des
bénéfices, constituerait l'agriculteur en perte.

| Expérimentateurs. | Sur un hectare de terre, | | | |
|---|---|---|---|---|
| | Sans engrais. | | Nitrate de Soude. | |
| Flemming ....... | 17 hect. 63 lit. blé. | 180 kil. | 18 hect. 66 lit. blé. | |
| Wilson .......... | 45 — »» — | 120 — | 49 — 50 — | |
| Chastelay ..... .. | 19 — 32 — | 124 — | 22 — 55 — | |
| Barclay.......... | 27 — 50 — | 140 — | 31 — 25 — | |
| Hannam ....... .. | 27 — 58 — | 172 — | 31 — 97 — | |

Ces expériences prouvent encore l'influence heureuse que peut exercer le nitrate de soude sur la
culture du blé. Mais l'augmentation dans les récoltes ne saurait offrir un bénéfice réel pour le
cultivateur ; car, en admettant le prix moyen d'un
hectolitre de blé à 18 fr., le simple calcul prouve
qu'il y a perte.

C'est donc moins pour en conseiller l'emploi direct aux cultivateurs, que pour leur faire connaître
ces engrais, que nous en avons fait ici l'étude ; car,
tant que leur prix restera aussi élevé, leur emploi
dans la pratique est un fait impossible. Cependant,
il est bien évident que si leur prix venait à s'abaisser, il serait pour notre agriculture d'une grande
ressource ; mais le cultivateur ne devrait pas oublier
encore que, malgré leur valeur, ce ne sont que des
engrais incomplets, incapables de remplacer le fumier; leur composition nous a prouvé qu'ils ne pouvaient fournir que de l'azote ou un alcali, potasse,
ou soude. Mais si le prix du nitrate de soude venait
à s'abaisser, son association avec des composts ou
avec des fumiers serait une chose très-avantageuse.

Nous venons de faire connaître au cultivateur ce
que sont les composés azotés que la science désigne
sous le nom de nitrates, nous avons prouvé que leur
prix actuel est le seul obstacle qui s'oppose à leur
emploi pratique. Il ne nous reste plus qu'à rechercher si le praticien ne pourrait pas lui-même arriver
à une production peu coûteuse de ces principes fer-

tilisants. Si nous ne savons pas encore d'une manière exacte comment ils se forment, nous connaissons cependant dans nos climats les causes qui concourent le plus à leur production. La question est simple, facile et à la portée de tous les cultivateurs.

Nous savons que, pour se former, les nitrates ont besoin :

1° De terres ou matières terreuses contenant ou de la potasse, ou de la soude, ou de la chaux ;

2° De matières organiques azotées qui, en se décomposant, peuvent fournir de l'ammoniaque.

Évidemment, ces conditions premières sont des plus faciles à remplir à la ferme. En effet, le cultivateur trouvera la potasse ou la soude dans les cendres ou dans les eaux de savon ou de lessive du ménage; la chaux qui lui est nécessaire, dans la marne, dans le calcaire ou la terre blanche, qui constitue le sous-sol d'une bonne partie de la Beauce; les matières azotées dans son fumier ou dans son purin qu'il laisse si souvent perdu dans les profondeurs de sa cour.

Mais pour la formation des nitrates, il faut encore certaines conditions de chaleur solaire, d'aération, de porosité et d'humidité.

En observant toutes ces conditions, rien de plus facile pour le cultivateur que d'obtenir des nitrates à bon marché. Il lui suffira d'établir, sur ses champs en jachère, des petits murs peu épais, de 50 à 60 centimètres de hauteur, avec de la terre calcaire,

gâchée avec des cendres et des fumiers. La partie
supérieure de ces murs sera recouverte de gazon.
Il faudra avoir soin, de temps en temps, de prendre
la peine de les arroser, tantôt de purin, tantôt d'eau
de savon.

Au bout d'une année, les terres seront imprégnées
de nitrate et il suffira de les répandre sur les champs
pour les fertiliser. Si l'on a employé des cendres, la
majeure partie du nitrate obtenu sera du nitrate de
potasse. Si au contraire on ne s'est servi que de
terres calcaires, ce sera du nitrate de chaux. Mais
qu'importe ! ce sera toujours un composé azoté
très-fertilisant. Tels sont les moyens dont le cultivateur peut disposer pour se procurer à bon marché
ces éléments auxiliaires de la végétation.

En terminant l'étude des nitrates, nous ne sau-
rions trop engager nos cultivateurs à chercher à les
produire. Effectivement, ils constituent des engrais
aussi importants que le sang, que la viande. Nous
verrons plus loin que le transport des terres ou terreaudage, employé avec tant de succès par nos cultivateurs de la Beauce, doit une partie de son action
à la formation des nitrates.

Il suffirait donc qu'un cultivateur intelligent,
mettant à profit les indications que nous venons de
donner, en obtînt de bons résultats pour que son
exemple vînt à se généraliser et appeler ainsi sur
nos terres un élément de fertilité aussi grand et
aussi peu dispendieux.

### Des vieux platras.

Notre agriculture utilise aussi comme engrais, et le plus souvent par circonstance, les vieux platras et les débris de démolitions. Les restes de nos constructions sont souvent formés de plâtre ; mais le plus ordinairement ils ne consistent qu'en sable et en calcaire. Si nous ne les considérions qu'à ce dernier point de vue, ils n'auraient guère d'utilité que pour détruire la tenacité des terres fortes et argileuses. Mais ils contiennent des sels alcalins et calcaires. Il suffira donc au cultivateur de se rappeler leur origine et nos indications pour comprendre de suite qu'ayant été placés dans les conditions les plus favorables à la production des nitrates, ils doivent en contenir, et, par cela même, avoir une certaine valeur fertilisante.

L'analyse constate, en effet, que si on lessive les vieux platras, on obtient, par l'évaporation, des sels solubles, en grande partie formés de nitrates ; car sur cent parties on a :

| | |
|---|---:|
| Nitrate de potasse et chlorure de magnésium...................... | 10 |
| Nitrate de chaux et de magnésie... | 70 |
| Sel marin..................... | 15 |
| Chlorure de calcium et de magnésie. | 5 |
| | 100 |

Les sels obtenus par l'évaporation du traitement des vieux platras, par l'eau, contiennent donc 80 p. °/₀ de nitrate.

Les vieux platras sont surtout employés avec succès sur les prés humides. Les betteraves préfèrent, dit-on, les vieux platras salpétrés à toute autre espèce d'engrais, et donnent, sous leur influence, des récoltes comparativement bien supérieures à celles que produisent les autres engrais. C'est au praticien à faire son profit de cette particularité que nous signalons à son attention.

# CHAPITRE VI.

## Argile brûlée.

Nous avons jusqu'à ce jour considéré l'argile comme base nécessaire à la constitution de nos terres propres à la culture ; nous avons vu l'argile, comme source naturelle des alcalis, potasse et soude, nécessaires à la confection de nos récoltes. Enfin, les expériences pratiques de M. Drappier nous ont montré l'argile comme un amendement des plus utiles sur les terres légères, siliceuses ou calcaires. Mais il y a plus, c'est que l'argile à laquelle on a fait subir une certaine cuisson, devient un engrais utile et même un amendement pour les terres fortes et argileuses.

L'emploi de l'argile brûlée, peu usité en France, l'est au contraire beaucoup en Angleterre. Avant de décrire les avantages que le cultivateur peut tirer de l'argile brûlée, voyons comment on l'obtient. L'opération est des plus simples et réclame seulement un peu de soin. Il suffit de faire une tranchée en terre, de la remplir de fagots de tourbe ou de broussailles.

On forme ensuite sur ce lit de combustible une voûte avec des mottes d'argile, puis on met le feu au tas. On ajoute sur le tas rouge de feu autant d'argile que le combustible le permet. L'argile cuite se pulvérise très-facilement et peut se répandre immédiatement. Les soins que réclame cette opération consistent en ce que l'argile doit être en mottes humides. Si elle était sèche elle rougirait au feu, deviendrait difficile à brûler, tandis qu'à l'état humide les mottes d'argile deviennent très-friables et très-faciles à pulvériser. Par cette espèce de calcination ou brûlis, l'argile change tout-à-fait de propriété. Elle perd sa tenacité, sa faculté de retenir l'eau, devient rougeâtre et très-friable. Il résulte de ceci, qu'au lieu de rendre le sol plus compacte, plus difficile à égoutter, elle le rend plus *meuble*, plus perméable, plus facile à travailler. Tous les agronomes anglais préconisent l'argile brûlée comme le meilleur amendement sur les terres fortes, compactes, qu'elles soient argileuses ou calcaires. La dose qu'ils emploient est de 266 à 333 hectolitres par hectare, tous les quatre ou cinq ans. Ils estiment que les cinq hectolitres coûtant 1 fr., cela porte

l'amendement de l'hectare à 53 fr. dans le premier
cas et à 66 fr. dans le second.

Quoique l'argile brûlée ne soit point employée
dans nos localités, le cultivateur ne verra pas moins
qu'elle lui offre un moyen d'amender à peu de frais
et sur place, ses terres fortes et difficiles à travailler,
lorsqu'elles seront calcaires. Emerveillés des succès
qu'ils obtenaient, les agriculteurs anglais ont
avancé que l'emploi de l'argile brûlée, dispensait
de l'usage des engrais, mais c'est une erreur que
nous devons signaler au cultivateur qui voudrait
s'en servir ; car si l'argile brûlée fertilise le sol, le
cultivateur ne devra pas oublier qu'après l'année
qui suivra son emploi, il doit avoir recours à de
bonnes fumures, parce que l'argile brûlée ne saurait
fournir d'humus au sol.

Jusqu'ici nous n'avons considéré l'argile brûlée
que comme amendement, il faut maintenant prouver qu'elle fertilise le sol, qu'elle joue le rôle d'un
engrais assez puissant lorsqu'elle a subi l'opération
du brûlis. En effet, la calcination incomplète qu'on
lui fait subir en la rendant plus poreuse, lui donne
d'abord la propriété de condenser facilement l'ammoniaque de l'air, de là naturellement une réserve
d'azote pour nos cultures. La porosité de l'argile
brûlée a encore un avantage : elle se laisse facilement pénétrer par l'acide carbonique contenu dans
l'air ; cet acide, par une action chimique, s'empare
de la potasse, de la soude contenues dans l'argile,

et forme ainsi un sel de potasse ou de soude soluble qui se trouve dans les conditions les plus avantageuses pour fournir promptement à nos récoltes les alcalis dont elles ont besoin. Enfin, de cette décomposition naturelle qui se fait dans l'argile, résulte encore de la silice gélatineuse soluble, dans l'état le plus convenable, pour donner aux pailles des céréales la rigidité dont elles ont besoin, pour supporter leur épi et s'opposer ainsi à la *verse* des grains.

Telle est, comme engrais, l'action que peut exercer sur nos terres l'argile brûlée, lorsqu'elle est employée avec intelligence. Le cultivateur qui voudrait en user ne devra pas oublier, qu'après l'année qui aura suivi son emploi, il devra fumer convenablement : libre à lui de recommencer quatre ans ou cinq ans après la même opération, s'il s'est bien trouvé du résultat, mais toujours à condition de fumer convenablement ses champs.

### Terreaudage, ou transport des terres sur les champs en culture.

Sous ce nom on désigne le transport sur les champs en culture, de terres riches en principes, ayant pour but de féconder ces champs. Cette opération, qui s'est introduite en Beauce depuis environ vingt ans, y est aujourd'hui presque générale, et elle a jusqu'à ce jour produit partout les meilleurs résultats. Elle permet au cultivateur beauceron, qui n'a aucune confiance dans l'emploi des engrais commerciaux, de parer à l'insuffisance de son fumier et de relever momentanément la fertilité de ses terres épuisées. Nous voyons, en effet, que dans les champs, où les prairies artificielles étaient devenues chétives et n'avaient qu'une courte durée, elles sont, sous l'influence d'un bon terreaudage, rendues meilleures et durent plus longtemps; et que dans les champs sur lesquels la culture de ces plantes était devenue impossible, on arrive à en obtenir de bonnes.

Mais le terreaudage ne sert pas seulement à produire des prairies artificielles, on l'emploie aussi avec avantage pour obtenir de bonnes récoltes de blé. Nous voyons donc que l'homme, qui le premier a inauguré cette pratique en Beauce, a fait entrer l'agriculture de ces localités dans une nouvelle voie de progrès qui leur rend tous les jours les plus grands services. Avant de chercher à faire comprendre les bons effets du terreaudage, voyons comment il se pratique :

Toutes les fois que le temps et les travaux de la ferme le permettent, particulièrement en hiver, lorsque les travaux ordinaires sont arrêtés, on occupe le personnel de la ferme à fouiller des terres que l'on charge dans des tombereaux. Les attelages les transportent sur les champs que l'on veut terreauder. Ces terres sont déposées sur ces champs en petits tas plus ou moins espacés, selon la force du terreaudage que l'on veut donner, et suivant aussi

la fertilité des terres que le cultivateur a à sa disposition. Suivant les besoins de la culture, tantôt ces
terres sont écartées de suite sur les champs, tantôt
au contraire on les laisse en tas un plus long temps.
Les quantités que le cultivateur met de ces terres
par hectare, ne sont pas soumises à des règles invariables. Elles dépendent de la quantité et de la
valeur fertile des terres dont peut disposer le cultivateur. Il est des praticiens qui mettent 30, 40 et
50 mètres cubes de ces terres par hectare ; il est
quelques praticiens qui portent la dose jusqu'à
100 mètres cubes. Un bon terreaudage dispense de
l'emploi du fumier au moins pendant les premières
années. Quelquefois, lorsqu'on se sert pour cette
opération de terres de jardin très-fertiles , leur
action trop énergique est d'abord nuisible sur la
première récolte, mais elle ne s'en fait pas moins
sentir pour les autres années. La durée du terreaudage dure pendant un certain nombre d'années ; elle
est en général proportionnée à la valeur et à la
quantité des terres qu'on met, et aussi à la fertilité
naturelle des champs sur lesquels on les applique.

Si nous recherchons maintenant quelle est la nature des terres que nos cultivateurs transportent
ainsi sur leurs champs, nous verrons que ce sont
toutes celles qui se trouvent le long des bâtiments de
leur exploitation, ou qui sont prises dans les cours
sur l'emplacement des fumiers. Tantôt ce sont des
pâtis ou petits monticules placés aux abords de la

4

ferme, où le bétail, au sortir de la cour, en rentrant
des champs, piétine pendant quelque temps et qu'il
imbibe de ses déjections. Ce sont encore les terres
prises sur les emplacements où l'on entasse les pailles
de la ferme. Ce sont, aussi quelquefois, des terres de
jardin. Et nous pourrions citer certaines localités
où les cultivateurs ont acheté à prix d'argent le droit
de fouiller les terres des petits jardins des villages.
Ce sont encore les terres que l'on peut ramasser le
long des haies, les ados des fossés qui se trouvent
sur le bord des champs bornant les routes. Enfin, en
dernier ressort, les cultivateurs ont encore recours,
pour faire du terreaudage, aux sommets des champs
que l'on désigne vulgairement sous le nom de
*têtières*.

Vues d'une manière générale, telles sont les
sources où le cultivateur puise les terres qu'il destine à l'opération du terreaudage de ses champs.

Voyons maintenant s'il nous est possible d'expliquer au praticien les bons effets qu'il obtient des
terreaudages en Beauce.

La culture en Beauce, sauf quelques rares exceptions, est presque entièrement consacrée à la récolte
des céréales et au développement de prairies artificielles, destinées à nourrir un nombreux bétail.
Ainsi, malgré les recommandations qui leur en
sont faites, les cultivateurs beaucerons n'ont point
encore voulu entrer franchement dans la production
des racines et dans la culture des plantes sarclées.

La culture du blé, nous le savons, est très-épuisante ; le blé exporté de la ferme entraîne, loin du champ qui les a fournis, les éléments de fertilité qui le constituent ; l'assolement pratiqué en Beauce est l'assolement triennal qui est, comme nous le verrons plus tard, un de ceux qui épuisent le plus le sol. Si nous ajoutons que les cultivateurs en Beauce ne veulent pas avoir recours aux engrais artificiels, et que le fumier de la ferme n'étant pas suffisant pour restituer au sol la totalité des éléments que lui enlèvent les récoltes, il n'est point étonnant de voir baisser la fertilité de quelques plaines de la Beauce. Si maintenant nous nous rappelons la nature des terres que le cultivateur porte sur ses champs, il nous sera facile de nous rendre compte des bons effets du terreaudage.

Que sont, en effet, toutes les terres que le cultivateur emploie pour cette opération ? des terres neuves, nullement fatiguées par la culture, accumulées depuis de longues années dans les lieux où il les prend, et qui ont eu le temps de se désagréger et de se saturer d'urines ou de principes azotés. Ces terres sont donc riches en principes minéraux assimilables de suite, et en principes azotés nécessaires au développement des récoltes. En outre, ces terres que l'on fouille, que l'on charge dans des tombereaux, que l'on décharge sur les champs, sont parfaitement mélangées, et acquièrent par toutes ces manœuvres une certaine porosité. Exposées dans cet état sur les champs, elles vont subir l'influence heureuse des agents atmosphériques. Et alors, puisque ces terres contiennent des principes azotés et qu'elles sont calcaires, elles donneront naissance à des nitrates c'est-à-dire à ces corps que nous avons examinés précédemment et qui ont une influence si heureuse sur la végétation.

Ainsi, au moyen du terreaudage, le cultivateur apporte au sol des éléments minéraux phosphatés et des alcalis nécessaires aux récoltes ; mais encore il arrive à lui fournir, d'une manière indirecte, des nitrates, c'est-à-dire des principes azotés fournissant de l'azote sous une forme très-utile à la végétation. Telle est la manière d'agir du terreaudage, et cela est si vrai que le cultivateur a appris par l'expérience que le terreaudage utilisé de suite, est bien moins productif, que dans le cas, où les terres restent étalées un certain temps sur les champs et où elles ont le temps de bien se diviser, et certainement aussi celui de donner naissance à des nitrates.

D'après ces principes, il faut espérer que le cultivateur de la Beauce pourra s'expliquer les bons effets qu'il obtient du terreaudage. Nous voyons encore que cette opération peut tout à la fois servir d'engrais et d'amendement, et que de forts terreaudages permettent en outre au cultivateur d'augmenter sur son champ la profondeur de la couche arable qui dans certains cas se trouve très-rapprochée d'un sous-sol qui n'est pas toujours fertile.

## Curures de Fossés, d'Etangs, de Mares, de petits Cours d'eau.

Les eaux qui s'écoulent dans les fossés, dans les étangs, dans les mares, outre les matières minérales qu'elles y apportent, entraînent toujours une certaine quantité de débris organiques ; à la longue on trouve donc, au fond de ces fossés, une espèce de terreau, formé de matières minérales et organiques. La belle végétation que l'on remarque au fond des fossés, où l'eau séjourne temporairement, indique assez aux cultivateurs que ces terreaux peuvent être utilisés comme engrais. Mais ce sont surtout les dépôts qu'on trouve au fond de la plupart des mares de nos fermes qui constituent un bon engrais. C'est qu'en effet, par l'insouciance du cultivateur, nous voyons, dans presque toutes les fermes de la Beauce, le purin du fumier placé dans les cours, lavé par les eaux de pluies, s'écouler dans la mare de la ferme. Il résulte de ceci, qu'au bout de quelques années, selon la profondeur de la mare, vers la fin du mois d'août ou au commencement de septembre, les mares se tarissent et laissent un énorme dépôt boueux, très-riche en principes fertilisants.

Tous ces dépôts, qui peuvent avoir des valeurs agricoles bien différentes, ne peuvent être employés de suite. Après les avoir extraits des lieux, où ils se trouvent placés, on les dépose sur le bord des mares pendant six mois ou un an, pour qu'ils se *mûrissent*, selon l'expression du cultivateur. Ce qui veut dire, pour qu'ils s'égouttent, pour qu'ils subissent l'influence salutaire des agents atmosphériques, et très-probablement alors il s'y forme des nitrates. Ils sont ensuite transportés sur les champs et forment un puissant engrais. Le cultivateur qui ne voudrait pas attendre un temps aussi long pour utiliser ces dépôts, pourrait recourir au moyen suivant : les disposer par couches avec un peu de chaux vive, qui, en s'éteignant, les dessécherait, les diviserait, en un mot faciliterait leur décomposition et les rendrait promptement propres à nourrir les récoltes. La dose de chaux à employer ne devrait pas être trop forte, un quart environ de la masse d'engrais à employer.

### Curures de Ruisseaux et de petites Rivières.

Le curage des ruisseaux et des petites rivières, opération si utile au point de vue de l'hygiène publique, rencontre presque toujours une certaine opposition chez les propriétaires riverains. S'il est vrai de dire que cela leur occasionne des embarras et de la dépense, nous pouvons néanmoins ajouter qu'à part quelques rares exceptions, la valeur fertilisante des produits du curage est supérieure aux déboursés faits par les propriétaires. Ces vases des

petites rivières sont en général formées de matières
minérales très-divisées, tantôt siliceuses, tantôt calcaires, suivant la nature des terrains que traverse
le cours d'eau. Mais elles contiennent, en outre, des
débris organiques de toute nature. Ces vases déposées sur le bord des cours d'eau s'égoutteront, et le
cultivateur pourra très-bien d'abord, selon leur nature, les utiliser comme amendement ou comme
engrais. Calcaires ou siliceuses, elles conviendront
très-bien à amender et à fertiliser des terres fortes
ou argileuses. Si elles sont calcaires, elles conviendront aux prairies, et l'on pourra aussi s'en servir
comme de litières terreuses ou bien les répandre sur
les champs avec le fumier. Si, au contraire, elles
sont riches en principes organiques, en les disposant par couches avec de la chaux, on en peut faire
des composts fertilisants.

### Terres de Chemins et de Routes.

Nous avons établi qu'il était du devoir d'un bon
praticien de ne rien laisser perdre qui puisse fertiliser sa terre. Nous conseillerons donc aux cultivateurs habitant les bourgs ou les villages, de ramasser avec soin les boues qu'on y rencontre. Ces
boues contiennent, en effet, des matières minérales
utiles à la production. Elles sont, en outre, imprégnées des déjections des animaux qui y passent

toute l'année. Il semble aujourd'hui que les cultivateurs ont bien compris la nécessité de les utiliser ;
car il y a quelques années, il n'était pas rare, en traversant l'été les villages de la Beauce, de trouver çà
et là des tas de ces boues ramassées par les habitants dans le but de se frayer un passage convenable
pendant l'hiver. Mais aujourd'hui tout est ramassé
et porté sur les champs pour servir d'amendement
ou d'engrais. Quant aux terres des grandes routes,
tantôt calcaires ou siliceuses, suivant la nature des
matériaux qui servent à leur entretien, les cultivateurs placés à proximité devront aussi les utiliser,
mais bien plutôt comme amendement que comme
engrais. Leur emploi le plus direct sera donc sur
les terres fortes, argileuses, dont elles ameubliront
le sol, et que par cela même elles rendront plus
fertiles.

# CHAPITRE VII.

## Engrais d'usines. — Guanos artificiels. — Composts.

Dans cette cinquième et dernière classe nous aurons à examiner les engrais chimiques qui peuvent nous être fournis par nos diverses usines, et les principaux de ces engrais qui sortent des fabriques spéciales. Enfin les composés fertilisants, très-complexes, qui, quand ils sont bien préparés, peuvent seuls avec le fumier améliorer la valeur du sol. Nous voulons parler des *composts*.

## Engrais d'usines.

Parmi les produits chimiques si divers que l'on peut tirer de la majeure partie de nos usines, il n'en est guère qui ne puissent être utilisés par l'agriculture. Aussi trouvons-nous dans les ouvrages spéciaux, qu'un grand nombre ont été essayés pour fertiliser le sol, et les principaux de ces produits sont les suivants :

*Acide sulfurique*, ou *huile de vitriol*, employé en l'étendant de 1,000 fois son poids d'eau ;

*Sulfate de potasse*, *sulfate de soude*, employés comme moyen de fournir aux sols de la potasse ou de la soude ;

*Silicate de potasse*, ⎰ vulgairement appelés verres
*Silicate de soude*, ⎱ solubles.

Ces derniers sont employés pour fournir au sol de la silice soluble et par ce moyen s'opposer à la verse de nos récoltes.

*Carbonate de potasse* (potasse du commerce) ; *carbonate de soude* (cristaux de soude) ; utilisés pour fournir aussi au sol de la potasse ou de la soude ;

*Sulfate de magnésie ;*

*Sulfate de fer* ou *couperose verte ;*

*Sels ammoniacaux ;*

*Phosphate ammoniaco-magnésien ;* enfin le *Laitier* des hauts fourneaux.

Vus d'une manière générale, tous ces produits, dans les essais qui en ont été faits, ne sont pas restés sans influence sur la végétation. Mais préparés dans le but de satisfaire aux besoins industriels ou de l'économie domestique, ils sont livrés à des prix qui ne permettent pas aux cultivateurs de pouvoir

les employer avec avantage. Contentons-nous donc
d'indiquer leurs noms aux praticiens en nous réservant d'examiner ici ceux que le cultivateur a intérêt
à connaître, parce que nous avons cru qu'il pourrait
les utiliser un jour ou un autre.

### Sulfate de fer ou Couperose verte.

Le sulfate de fer, comme son nom l'indique, est
un composé qui contient du fer. Or, la science nous
apprend que le fer est utile à la végétation, qu'il
sert surtout à développer chez les feuilles des plantes
et des arbres, cette belle couleur verte qui est pour
nous l'indice le plus certain d'une belle et vigou-
reuse végétation. L'expérience, de son côté, nous
apprend que les boues ferrugineuses qui viennent
du lavage des minerais de fer, ont la propriété de
donner aux prairies, sur lesquelles on les répand,
une belle teinte verte, très-prononcée ; mais la pratique nous apprend encore que les feuilles des
arbres qui sont décolorées lorsque le sol dans lequel
plongent leurs racines, manque de fer, reprennent
une belle couleur verte quand on les arrose avec
une faible dissolution de sulfate de fer.

Malgré l'action incontestable du fer dans la végétation, la nécessité de l'emploi du sulfate de fer en
agriculture ne peut se présenter souvent, parce que
nos plantes usuelles, à part quelques exceptions, ne

s'enfoncent pas profondément dans la terre, et il est bien rare qu'elles ne rencontrent pas dans les couches superficielles de la terre assez de fer pour satisfaire à leurs besoins. Et si nous voyons la plupart de nos récoltes jaunir et se décolorer, cela tient plutôt à la sécheresse du sol qu'à l'absence du fer. Cependant le parti qu'on peut tirer de l'emploi du sulfate de fer intéresse tout à la fois les propriétaires, les jardiniers et les cultivateurs. C'est qu'en effet nous voyons souvent dans nos jardins des arbres dont les racines peuvent pénétrer dans des veines de terre qui ne contiennent pas de fer ; alors les feuilles de ces arbres se décolorent, s'étiolent et tombent. On peut très-bien par l'emploi du sulfate de fer bien dirigé, remédier à ces inconvénients. Le sulfate de fer est, en effet, un sel très-commun, peu cher, facile à manier, et voici comment on doit en diriger l'emploi : on peut s'en servir, soit pour arroser les racines, soit pour asperger les feuilles. Lorsqu'on veut opérer sur les racines, on fait dissoudre 10 à 12 grammes de sulfate de fer par litre d'eau. On défonce le sol jusqu'à ce qu'on trouve les premières grosses racines horizontales, puis on répand la dissolution de sulfate de fer jusqu'à ce qu'on ait la certitude que le liquide est en quantité suffisante pour atteindre les fibres radicellaires. On peut, s'il en est besoin, répéter l'opération quatre ou cinq fois en mettant cinq à six jours d'intervalle.

Si l'on veut agir directement sur les feuilles, on

fait fondre seulement 2 grammes de sulfate de fer
par litre d'eau. On asperge les feuilles avec un arro-
soir à pomme ou une pompe à main, de manière
que les feuilles soient généralement et uniformé-
ment mouillées à leur surface. Deux ou trois asper-
sions peuvent suffire; un plus grand nombre aurait
l'inconvénient de corroder les feuilles. On recon-
naît qu'on doit cesser ou suspendre l'emploi du sulfate de fer lorsque les feuilles reverdissent. Ces
opérations réussissent surtout vers la seconde quin-
zaine d'avril et ne doivent pas être faites au moment
de la floraison ; car les fleurs pourraient être atta-
quées, et il faut attendre que les fruits soient noués.
On pourrait encore remédier à de pareils accidents
par un moyen plus simple, mais plus lent dans son
action. Ce serait l'emploi des scories des ouvriers
qui travaillent le fer. Ces scories, qu'on désigne
sous le nom de *mâche-fer*, seraient pulvérisées et
mêlées à la terre qui garnit le pied de l'arbre et
arrosées tous les jours. Ce moyen plus lent n'en est
pas moins avantageux ; car l'eau entraîne un peu
de fer et le porte ainsi peu à peu jusqu'aux racines
de nos arbres.

Tel est le parti le plus avantageux qu'on puisse
en culture tirer du sulfate de fer. Nous avons déjà
recommandé aux cultivateurs son usage pour conserver l'azote dans la préparation de leur fumier,
et aussi pour désinfecter et conserver l'azote des
déjections humaines. — Nous répétons encore nos
recommandations.

## Sels ammoniacaux.

On désigne, sous le nom de sels ammoniacaux, des composés qui renferment de l'ammoniaque. Si le cultivateur veut se rappeler encore ici que le sang, que la chair des animaux, que son fumier et qu'en général tous les engrais azotés, dont l'action lui est bien connue, ne doivent une partie de leur action que parce qu'en se décomposant ils produisent de l'ammoniaque, il comprendra de suite que les sels ammoniacaux, puisqu'ils se dissolvent facilement, puisqu'ils renferment un principe azoté, ne peuvent rester sans action sur ses récoltes.

Les principaux sels ammoniacaux sont :

Le *carbonate d'ammoniaque,*
contenant sur 100..........    23 k.    800 azote.

Le *sel ammoniac*.........    26      200

Le *sulfate d'ammoniaque* ...    20

Le *phosphate - ammoniaco-
magnésien*.................    7

*Eaux ammoniacales du gaz azote,* quantité variable, 4 à 5 p. %.

La richesse en azote que l'analyse assigne ici aux sels ammoniacaux, les bons résultats que la pratique obtient par l'emploi du Guano du Pérou, qui doit la majeure partie de son action aux sels ammoniacaux qu'il renferme, suffiraient pour faire comprendre que ces composés doivent être de puissants auxiliaires de la végétation.

Pour ne laisser aucun doute dans l'esprit du praticien, il nous reste à mettre sous ses yeux les effets
de leur emploi et chercher à lui expliquer leur
mode d'action.

Les essais les plus importants ont été faits avec le
sulfate d'ammoniaque et le sel ammoniac : voici les
résultats obtenus :

*Expériences pratiques faites sur un hectare*
*de prairies.*

| Expérimentateurs. | Sans engrais. Foin. | Avec engrais. Sulfate d'ammoniaque | Foin. | Différence en faveur de l'engrais. |
|---|---|---|---|---|
| Flemming ... | 3,500 kil. | 125 kil. | 4,050 | 550 k. |
| Wilson ...... | 3,770 | 180 | 4,210 | 210 |
| Maclan ...... | 1,980 | 125 | 3,310 | 1,330 |
| Kulhmann.... | 4,000 | 266 | 5,233 | 1,233 |
| Schattenham . | 5,100 | 400 | 8,910 | 3,800 |

Ces expériences nous prouvent que le sulfate
d'ammoniaque employé comme engrais a donné sur
une prairie un excédant de récoltes ; mais le sulfate
d'ammoniaque valant de 35 à 40 fr. les 100 kilos,
le calcul prouve que la plus-value de récoltes qu'occasionne un pareil engrais ne couvre pas la dépense.

C'est au moins vrai quand il est employé seul, et
alors son usage présente de la perte au praticien.

De pareils essais reportés sur un hectare de prairies avec le sel ammoniac ont donné aussi un excédant de récoltes. Mais ils nous prouvent encore que la dépense qu'occasionne l'emploi du sel ammoniac, ne couvre pas les frais de l'acquisition de l'engrais.

M. Kulhmann essaya comparativement les effets du sel ammoniac, du sulfate d'ammoniaque et des eaux ammoniacales provenant de l'usine à gaz de Lille. Les sels ammoniacaux avaient été dissous dans l'eau, de manière à présenter un volume de 325 hect. Quant aux eaux ammoniacales, elles avaient été additionnées d'acide hydrochlorique, provenant des fabriques de gélatine, et par ce moyen elles représentaient une véritable solution de sel ammoniac dans l'eau. Voici les résultats auxquels ces essais ont donné lieu :

*Sur un hectare de prairies.*

| RÉSULTATS. | FOIN. | PLUS-VALUE. |
|---|---|---|
| Sans engrais.................. | 4,000 k. | » |
| Avec 266 kil. sel ammoniac ...... | 5,716 | 1,716 |
| 266     sulfate d'ammoniaque | 5,233 | 1,233 |
| 5,400 litres eaux ammonicales saturées..................... | 6,300 | 2,300 |

Dans ces essais encore une plus-value de récoltes; mais à cause du prix des sels ammoniacaux, pas de bénéfices, si ce n'est dans l'emploi des eaux ammoniacales, dont l'acquisition s'est élevée à 54 fr., et qui en donnant un excédant de récoltes de 2,300 kilos de foin, c'est-à-dire une plus-value d'environ 105 fr., ont fourni à M. Kulhmann, déduction faite des 54 fr., valeur de l'engrais, une somme de 60 f. de bénéfice par hectare de prairies.

Des essais de l'emploi des sels ammoniacaux ont été aussi tentés sur d'autres cultures, telles que le blé, l'avoine, l'orge, etc. Mais les résultats obtenus ont été si peu concordants, qu'ils ne nous ont pas présenté assez d'intérêt pour les faire connaître au praticien.

L'étude que nous venons de faire, et les expériences que nous avons rapportées, démontreront clairement aux cultivateurs que les sels ammoniacaux ne restent pas sans influence sur la végétation ; mais elles nous apprennent aussi que dans les conditions actuelles de notre industrie, leur emploi devient onéreux à l'agriculture. En examinant ici la valeur comme engrais des nitrates et des sels ammoniacaux, notre but était donc moins d'en conseiller actuellement l'emploi aux praticiens, que de leur faire comprendre qu'ils s'exposeraient à faire une mauvaise opération, si, séduits par la richesse en azote de ces engrais, ils étaient tentés de les employer.

Mais si aujourd'hui leur emploi est impraticable, les efforts continuels de la science et de l'industrie nous font espérer que, dans un avenir prochain, on pourra produire et livrer à bon marché les sels ammoniacaux à l'agriculture. Ce sera alors pour nos cultivateurs un puissant auxiliaire; car ils pourront se procurer de l'azote à bon marché et sous une des formes les plus convenables à la production végétale.

Mais en admettant que le prix commercial des sels ammoniacaux soit abordable par l'agriculture, il restera encore dans leur emploi quelques réserves qu'il est besoin de faire connaître au praticien. Les expériences répétées de M. Kulhmann nous apprennent que leur action ne se fait pas sentir au-delà d'une année; leur composition, que nous avons indiquée plus haut, prouve qu'ils n'apportent au sol que de l'azote, et, quoique nous ayons admis que l'azote, à l'état d'ammoniaque, est un élément nécessaire, qu'il concourt à la production d'abord par lui-même et ensuite parce qu'il favorise l'assimilation des autres éléments nécessaires à nos récoltes, les cultivateurs ne devront pas oublier que l'azote seul ne saurait suffire, qu'il faut le concours des phosphates, de l'humus et des alcalis. Nous ne devrons donc, même dans ce cas, considérer les sels ammoniacaux que comme une source d'azote à bon marché dont l'emploi le plus convenable serait de servir, à l'état de dissolution, à arroser des fumiers et des composts. On serait sûr par ce moyen d'avoir des engrais plus fertilisants et contenant toutes les substances indispensables aux plantes.

Les sels ammoniacaux offrent donc à la pratique les mêmes inconvénients que les nitrates ; mais ces derniers, outre l'azote, apportent au sol des alcalis, potasse ou soude. Malgré cette double valeur, leur usage renouvelé sur le même champ finirait aussi par l'appauvrir de phosphates et d'humus et le frapper de stérilité.

### Phosphate Ammoniaco Magnésien.

Sous ce nom, la science désigne un composé phosphaté renfermant de l'azote à l'état d'ammoniaque et de la magnésie. Ce composé est un engrais spécial pour les céréales. On le trouve tout formé dans le grain de blé, ce qui a fait dire à l'illustre Liébig « qu'*on ne saurait concevoir la formation d'un grain de blé, sans la présence du phosphate ammoniaco-magnésien :* » Comme on n'a pas encore trouvé ce composé tout formé dans le sol ni dans les engrais qu'on y apporte, il faut qu'il se forme dans les graines de nos céréales par les lois naturelles de leur nutrition et que les éléments qui le constituent, existent néanmoins dans le sol ou dans les engrais qu'on lui fournit.

Il n'en faut pas davantage pour faire comprendre au cultivateur quels services il pourrait retirer de l'emploi de cet engrais dans la culture des céréales, si notre industrie pouvait le lui livrer à des conditions avantageuses. Les quelques expériences pratiques que nous en avons recueillies sont très-intéressantes à connaître : elles ont été faites par M. Isidore Pierre (de Caen), dans des terres de natures différentes, sur du blé et sur du sarrasin ordinaire. Les résultats obtenus par l'emploi de cet engrais l'ont conduit aux conclusions suivantes :

1° Le phosphate ammoniaco-magnésien employé à des doses de 150 et de 300 kilos par hectare a exercé sur les récoltes de froment une action favorable très-prononcée ;

2° Toutes choses semblables d'ailleurs, son action paraît plus sensible sur les terres, qui commencent à se fatiguer de cultures de céréales, trop fréquemment répétées ;

3° L'un des effets constants du phosphate ammoniaco-magnésien sur les récoltes de froment, est un accroissement sensible dans le poids spécifique du grain ; cet accroissement peut s'élever jusqu'à 3, 4 et même 5 pour 100 ;

4° Employé sur le sarrasin ordinaire à la dose de 250 à 500 kilos par hectare, dans une terre de très-médiocre qualité, ce même engrais a produit des résultats différentiels très-remarquables. La récolte du grain a été 6 fois plus forte et la récolte de la paille plus que triplée.

En présence de résultats aussi avantageux, nous

voyons combien il est à regretter que ce composé n'ait été jusqu'à ce jour qu'un produit de la science. Mais on annonce que MM. Blanchard et Chateau viennent d'en réaliser la production industrielle, sur une vaste échelle, qui leur permettra de le livrer à de bonnes conditions aux cultivateurs.

### Silicates ou Laitier des hauts fourneaux.

On désigne sous le nom de *Laitier* les scories que l'on peut ramasser à la partie supérieure des hauts fourneaux qui produisent le fer et qui ne sont autres que des composés de silice de potasse et de chaux. Ces laitiers, toutes les fois qu'on ne les emploie pas à l'entretien des routes, encombrent nos usines. En voyant, d'une part, la forte proportion de silice que contiennent certaines plantes, telles que les céréales, les colzas, etc., et d'autre part, la théorie nous indiquant que les récoltes qui versent doivent cet accident à ce que nos plantes ne rencontrent pas assez de silice soluble pouvant donner à leur paille la rigidité nécessaire pour supporter leurs épis, quelques agronomes se sont demandé si on ne pourrait pas utiliser ces laitiers, qui, incorporés au sol, pourraient se désagréger et abandonner une certaine partie de silice soluble au profit de nos récoltes. Ce n'est donc pas comme engrais direct que les cultivateurs, en mesure de se les procurer, pourront les utiliser ; mais bien afin de s'opposer à la verse de leurs récoltes. Pour cela, ils pourront les faire pulvériser sur les routes ou les mettre en tas pour qu'ils se désagrégent naturellement, et dans l'un ou l'autre de ces états, les mélanger dans leurs fumiers, à raison de 1 mètre cube par 10 mètres de fumier. Les terres auxquelles ils conviennent le mieux sont celles où les céréales sont sujettes à verser ou celles que l'on consacre à la culture des colzas et des navettes.

Nous venons de passer en revue les principaux engrais chimiques provenant de nos usines. Nous avons pu nous convaincre qu'ils doivent être utiles en général à nos récoltes ; mais le cultivateur devra comprendre aussi que les rendements qu'ils pourront lui fournir ne sont pas en rapport avec les dépenses que doit occasionner leur emploi. En admettant même que les praticiens arrivent à se les procurer à bas prix, ils ne devront les considérer que comme des auxiliaires utiles et non comme des engrais complets, et ne pas oublier que leur usage, répété plusieurs fois sur le même sol, ne tarderait pas à l'épuiser de sa fertilité et même le rendre stérile.

# CHAPITRE VIII.

## Engrais industriels.

Ces produits, improprement désignés sous le nom d'*Engrais artificiels* et qui devraient plutôt prendre celui d'*industriels*, ont certainement contribué d'une manière très-considérable au développement et aux progrès de l'agriculture. Si leur emploi cause encore actuellement des déceptions ou des pertes d'argent au praticien, cela tient sans doute à quelques circonstances atmosphériques contraires, ou à un emploi mal dirigé et trop souvent à la cupidité de nos marchands d'engrais. Les engrais industriels étaient à peu près inconnus en agriculture au commencement de notre siècle ; car nous ne voyons guère utiliser auparavant que l'engrais humain transformé en poudrette et les débris ani-

maux provenant des chantiers d'équarrissage. Encore, ces débris animaux, véritables éléments de
fertilité, enlevés à nos champs, étaient loin d'être
ramassés et utilisés avec autant de soin que de nos
jours. Ce n'est guère que depuis les nombreux travaux de nos savants sur la science agricole et surtout depuis l'heureuse application des noirs, dans
les défrichements des vastes plaines des Landes,
qui recouvrent certaines contrées de la France, que
nous avons vu leur usage entrer dans la pratique.
C'est qu'en effet, si le défrichement de nos bruyères
peut se faire avec avantage à l'aide des noirs, cet
état de culture ne peut durer longtemps et généralement nos terres défrichées, au bout de trois ou
quatre ans, réclament impérieusement l'interven-
tion de la chaux, de la marne et du fumier. Mais
où le cultivateur défricheur prendra-t-il ce fumier,
quand déjà, tout le monde le sait, il n'en a pas
assez pour ses vieilles terres ? En présence de pareilles conditions, le cultivateur se trouve placé
dans cette impasse, ou abandonner ses défrichements
qui pourront être pour lui une source de prospérité,
ou recourir à l'emploi de nouveaux engrais.

D'un autre côté, l'industrie renseignée par les
écrits de la science, n'a pas tardé à comprendre les
besoins de nos cultivateurs. Des hommes intelligents n'ont pas hésité à élever dans certaines contrées de la France des usines importantes pour la
fabrication des engrais, véritables laboratoires où

se préparent des engrais de toutes natures, de toutes sortes et que nos industriels cherchent même à approprier aux besoins de chaque culture.

Leur exemple n'a pas tardé à être suivi par bien d'autres industriels, et pour notre part nous ne pourrions ici qu'applaudir à ces efforts, si le commerce de ces engrais se faisait toujours avec loyauté. Mais malheureusement, il n'en est pas toujours ainsi; bien des fois les cultivateurs de nos campagnes ont été dupes de leur ignorance et de leur bonne foi. Pour tenter en effet l'humble praticien, on a d'abord donné à un certain nombre d'engrais le nom impropre de *Guanos*. En agissant ainsi, on n'ignorait pas que s'il est encore dans nos campagnes quelques cultivateurs qui n'aient point employé de Guano, ce nom au moins leur est connu, et il n'en fallait pas davantage pour attirer de suite toute leur attention et les décider à en faire l'acquisition. Ajoutons que, si quelques praticiens ont été victimes de cette fausse désignation, notre agriculture, en général, a pu y gagner; car il se trouve de très-bons engrais de fabriques portant le nom de *Guanos artificiels*, dont l'emploi a produit de très-bons résultats et qui ont certainement beaucoup contribué à enhardir les cultivateurs à les utiliser, ce que la plupart d'entre eux n'auraient jamais osé tenter, s'ils avaient su avoir affaire à d'autres engrais qu'à du guano véritable.

Mais le nombre de ces engrais artificiels s'accroît

5

tous les jours ; chaque année, chaque jour nous en apportent de nouveaux, dont les annonces des journaux nous disent merveille. Les nombreuses affiches que les industriels ont soin de faire placarder sur les murs de nos plus petites communes sont plus éloquentes encore, et des voyageurs, le plus ordinairement ignorants de la valeur de leur marchandise, mais très-habiles au point de vue commercial, renchérissent sur le tout.

On a même été plus loin et quelques-uns de nos lecteurs se rappellent peut-être encore ces liquides, ces poudres fertilisantes, véritables engrais homœopathiques, dont on est venu nous vanter les merveilleux résultats. Il faut avouer que si les vendeurs de pareils engrais étaient sincères et convaincus, c'est qu'ils comprenaient bien peu les lois de la nature, pour supposer qu'on peut renfermer dans un litre ou dans une tabatière de quoi fertiliser un hectare de terre et s'assurer d'une récolte. Ce qu'il y a de plus fâcheux encore, c'est que presque tous ces vendeurs d'engrais sont porteurs de certificats attestant la valeur de leur marchandise, certificats qu'ils doivent très-certainement à la bienveillance, ou à la légèreté avec laquelle quelques praticiens osent affirmer des résultats, sans attendre qu'une expérimentation sérieuse, et de plusieurs années, leur ait donné le droit de se prononcer.

En présence de ce que nous venons de dire et des faits regrettables que nous avons signalés, que doit faire le cultivateur quand on vient lui offrir un nouvel engrais?

Avant d'acheter un engrais, tout cultivateur doit d'abord se faire ce simple raisonnement : « Si je « suis obligé d'acheter de l'engrais, c'est parce que « je n'ai pas assez de fumier ; l'expérience m'a ap- « pris que c'est mon fumier qui nourrit mes ré- « coltes, et la science me dit que c'est parce que « mon fumier apporte à ma terre de l'humus, de « l'azote, des phosphates et des alcalis. Pour obte- « nir autant que possible de l'engrais, que j'ai be- « soin d'acheter, les mêmes avantages que de mon « fumier, il faut donc qu'il contienne de l'humus, « de l'azote, des phosphates et des alcalis. Mais « comment saurai-je ce que contient l'engrais « qu'on m'offre à la vente? Je vais avant tout de- « mander à mon vendeur qu'il me dise et qu'il me « garantisse combien il y a, dans 100 kilos de son « engrais, des principes fertilisants que j'ai dans « mon fumier, me réservant en outre le droit de faire « contrôler par l'analyse, l'exactitude des chiffres « qu'il m'aura garantis. »

Maintenant lorsque le cultivateur voudra faire vérifier si les chiffres, représentant la valeur agri- cole de l'engrais qu'il aura acheté, sont les mêmes que ceux que lui a déclarés son vendeur, il devra, après la réception de l'engrais, en prendre un échan- tillon pour le livrer à l'analyse. Mais il ne faut pas oublier que la prise d'un échantillon est aussi im-

portante que l'analyse elle-même. Les engrais industriels étant, comme nous aurons occasion de le
voir plus tard, un mélange plus ou moins parfait de
matières fertilisantes diverses, dans un état de pul-
vérisation plus ou moins complet, il faut que
l'échantillon représente un peu de toutes les parties
qui le constituent, si l'on veut que l'analyse donne
la valeur moyenne de l'engrais. Pour arriver à ce
résultat, nous devrons, dans plusieurs sacs des engrais qu'on nous aura livrés, soit avec la main, soit
avec une pelle et dans différents endroits, prendre
un certain nombre d'échantillons partiels, qui, éta-
lés, seront bien mélangés, pour en prélever enfin
un nouvel échantillon dans vingt ou trente points
différents, qu'on livrera ensuite au chimiste chargé
d'en faire l'analyse. Quant aux praticiens qui ne
comprennent pas encore très-bien quelle est la valeur d'une analyse, et qui ne voudraient pas s'as-
treindre à faire vérifier la composition de l'engrais
qu'on leur offre à la vente, le seul conseil que nous
puissions leur donner ici, c'est de ne pas acheter
d'engrais industriels avant de s'informer si celui
qu'on leur propose a été employé dans leurs localités, et si les cultivateurs qui en ont fait usage
en ont obtenu de bons résultats.

Telles sont les précautions de rigueur que ne
devra jamais oublier de prendre un cultivateur,
toutes les fois qu'on viendra lui présenter à la vente
un engrais qu'il ne connaît pas. C'est le seul moyen

pour lui de ne pas s'exposer à être victime de son ignorance ou de sa bonne foi.

Si maintenant nous venons à rechercher quelle est la nature des matières qui servent à la confection des engrais industriels destinés à nos cultures usuelles, nous voyons que ces matières sont nombreuses et qu'elles varient suivant les ressources des fabricants. Le plus ordinairement, ce sont des débris d'animaux de toutes sortes, des liquides fertilisants, des cendres, des phosphates fossiles, des os râpés, du noir animal, du guano, puis des matières absorbantes, tels que du charbon, de la tannée, de la tourbe, avec addition de plâtre ou de couperose, ayant pour but de s'opposer à la déperdition des gaz ammoniacaux que peuvent développer, en fermentant, les différents mélanges que le fabricant obtient avec ces diverses matières. Les fabricants d'engrais opèrent leurs mélanges de manières bien différentes, qui ne sont pas tout-à-fait sans influence sur les résultats que ces engrais produiront sur les récoltes. Tantôt, en effet, toutes les matières qui doivent faire partie de l'engrais sont desséchées. Cela permet au fabricant de pouvoir les pulvériser facilement, et d'obtenir, au moyen du tamis, des mélanges uniformes et pulvérulents. Ce sont généralement ces mélanges fertilisants qu'on désigne sous le nom impropre de *Guanos artificiels*. Nous voyons de suite qu'ils n'ont ni l'origine du guano, ni sa composition. Ces guanos artificiels nous présentent

les avantages suivants : ils sont d'un épandage facile et régulier ; comme ils ne contiennent presque
point d'humidité, ils ne sont point exposés à fermenter, et, par cela même, ils conservent généralement
la majeure partie de l'azote qu'ils peuvent contenir,
en même temps qu'ils sont aussi d'un transport facile et peu dispendieux, ce qui permet de les vendre
et emporter au loin.

Si, au contraire, l'engrais est formé de liquides
fertilisants ou de matières pâteuses, on incorpore
toutes ces matières liquides à des substances absorbantes. Comme ces engrais humides, mis en tas,
vont fermenter, on a soin d'y ajouter du·plâtre,
du sulfate de fer, ou d'autres sels métalliques ayant
pour but de rendre fixe l'azote qui s'échapperait sous
la forme de gaz ammoniac. Ces engrais sont généralement désignés sous le nom de *Composts ;* comme
ils sont saturés d'humidité, leur transport est plus
coûteux, plus difficile, leur mélange moins régulier
et moins uniforme ; mais ils offrent à l'agriculture
cet avantage que, quand ils sont employés en quantité suffisante, ils épuisent moins le sol que les engrais pulvérulents ; puisqu'ils ont fermenté, ils apportent à nos récoltes l'humus qui leur est nécessaire,
tout préparé. Ils apportent encore l'azote, l'acide
phosphorique, la silice même sous les formes les
plus convenables à la nutrition de nos plantes. L'action de ces engrais, par cela seul qu'ils ont fermenté, pourra donner des résultats plus prompts
et plus avantageux.

Ces considérations générales établies, nous allons nous livrer à l'examen des engrais industriels les plus connus, et chercher à mettre sous les yeux du cultivateur leur valeur agricole et leur mode d'emploi.

### Guano DERRIEN (de Nantes).

C'est avec intention que nous commençons l'étude des engrais de fabrique par le Guano Derrien. C'est d'abord un des premiers qui aient été introduits en agriculture ; puis la franchise et la loyauté avec lesquelles il est livré à l'agriculture, seront encore pour le cultivateur un guide dans les précautions qu'il doit prendre quand il achète un engrais commercial. M. Edouard Derrien (de Nantes) est un ancien élève de Roville. Son guano industriel est fabriqué avec de la chair desséchée, des débris de conserves alimentaires, des débris de fabriques de colle, des râpures de corne, des déchets de laines, des os qu'on rejette de la fabrication du noir animal, des cendres de bois et des coquillages de mer. Toutes ces matières sont desséchées, mélangées en diverses proportions, pulvérisées et tamisées pour former un tout homogène. On le livre à l'agriculture en sacs de toile plombés, portant la marque du fabricant, au prix de 16 fr. les 100 kilos, y compris le sac et pris à Nantes. Toute livraison est accompagnée d'un bulletin indiquant l'analyse complète, et tout acheteur a le droit d'annuler la vente, si la composition de l'engrais contrôlée par l'analyse n'est pas entièrement semblable à celle mentionnée sur le bulletin facturé. Où peut-on trouver rien de plus loyal que cette manière d'opérer, et combien il serait à désirer que tous nos marchands d'engrais en fissent autant ! Le Guano Derrien est en poudre grisâtre, il a une légère odeur ammoniacale et ne contient que 10 à 12 p. %. de son poids d'eau. Le poids moyen d'un hectolitre est de 80 kilos.

Sa composition, d'après une analyse faite par M. Bobierre, est la suivante :

Cent kilos de cet engrais, desséchés à 100 degrés, contiennent :

| | |
|---|---|
| Matières organiques............ | 42 kilos. |
| Sels solubles................ | 2 |
| Phosphate de chaux............ | 40 |
| Carbonate de chaux............ | 6 |
| Sulfate de chaux ou plâtre...... | 3 |
| Silice, alumine, oxide de fer..... | 7 |
| | 100 |

Azote, 5 p. %.

La quantité à appliquer par hectare varie entre 400 et 600 kilos. On doit répandre cet engrais avec la main et à la volée, particulièrement le matin, lorsque l'air est calme et humide. On peut le répandre en même temps que la semence. Si on l'applique au printemps, on doit le faire avant la cessation des pluies. L'humidité, en gonflant les matières organiques, en facilite plus tard la décomposition.

On recouvre cet engrais sur les terres labourées. Il convient à presque toutes les cultures, aux céréales, aux prairies naturelles et artificielles ; si on veut s'en servir pour fumer les céréales d'hiver, on se trouvera très-bien d'en répandre la moitié en même temps que la semence, et conserver l'autre moitié pour être appliquée en couvertures au printemps.

Nous avons déjà dit qu'on ne devait jamais employer les engrais industriels que pour suppléer au manque de fumier, parce qu'ils sont tous des engrais incomplets, offrant, quand ils sont bons, l'avantage de fournir une récolte, mais ayant tous l'inconvénient d'épuiser le sol, surtout de son élément fertilisant, *humus*. Les chiffres que nous allons donner ici seront de nature à persuader le cultivateur que, malgré sa valeur, le Guano Derrien se trouve dans les mêmes conditions. Car, en admettant sur un hectare de terre une fumure de 600 kilos Guano Derrien, dont la dépense, non compris le transport, s'élève à 96 fr., nous n'apportons au sol, même en prenant l'analyse ci-dessus, qui se trouve dans les conditions les plus avantageuses, puisqu'on n'a pas tenu compte de l'humidité normale ; nous n'apportons au sol, disons-nous, que :

250 kilos de matières organiques, pouvant former de l'humus.

12  — de sels alcalins,

240  — phosphate de chaux,

30  — azote.

5.

Tandis que 10,000 kilos de fumier, fumure normale d'un hectare de terre, auront apporté :

1,410 kil. de matières organiques, pouvant former l'humus.
44 — phosphate de chaux,
52 — alcali,
40 — azote.

En examinant ces chiffres, le cultivateur acquerra cette conviction que le Guano Derrien n'apporte pas au sol la totalité des matières fertilisantes qu'aurait fournies son fumier ; s'il est vrai qu'il apporte plus de phosphate, il n'en est pas de même de l'azote, des alcalis et des matières organiques. Mais puisque l'emploi d'un pareil engrais donne une récolte, il faut que les matériaux qui lui manquent soient fournis par la fertilité naturelle du sol. De là nécessairement un appauvrissement du sol qui irait jusqu'à la stérilité si l'usage en était répété, sur le même champ pendant un certain nombre d'années.

L'étude que nous aurons à faire sur les autres engrais industriels démontrera qu'il en est de même pour chacun d'eux, et qu'ils ne donnent pas de récoltes au cultivateur, sans emprunter une portion à l'humus naturel du sol, que le champ a acquis par une bonne culture antérieure.

# CHAPITRE IX.

---

## Suite des Guanos industriels.

Avec les nombreux travaux de la science sur l'agriculture et les besoins sans cesse croissants des cultivateurs, l'exemple de M. Derrien ne pouvait rester stérile. Nous voyons en effet livrer actuellement à l'agriculture un grand nombre de guanos industriels. Il est même de règle, aujourd'hui, que chaque usine d'engrais un peu importante, ait son guano spécial, ce qui donne au directeur de l'établissement le moyen d'utiliser au profit de l'agriculture bien des déchets qui seraient perdus, et procure en outre à nos fabricants d'engrais, qui y attachent beaucoup d'importance, l'occasion de se faire un nom. Si trop de cultivateurs ne peuvent encore aujourd'hui apprécier la valeur des engrais

industriels, il en est pourtant un certain nombre
qui sont assez éclairés pour discuter, avec les marchands d'engrais, sur la valeur de leurs guanos : et
cela oblige nos industriels à rivaliser de zèle et
d'intelligence, pour présenter à l'acheteur les matières fertilisantes, sous les formes les plus convenables à l'alimentation des récoltes, et aussi au
meilleur marché possible.

Parmi les guanos industriels les plus connus
dans nos localités, nous pouvons citer les suivants :

Guano d'Aubervilliers ou guano Kraft ;

Matières fertilisantes de Rohart ;

Guano de poissons ;

Guano de La Motte ;

Guano de la Madeleine.

Eclairons maintenant les cultivateurs sur la valeur de ces divers engrais.

### Guano d'Aubervilliers.

Cet engrais qui présente, comme nous allons le
voir, une certaine valeur agricole, est fabriqué à
Aubervilliers, siége actuel de l'abattoir municipal
de Paris. C'est là que sont amenés tous les jours, de
la capitale, les animaux morts ou à abattre, et le
nombre en est considérable, puisqu'ils se comptent
annuellement par milliers. Une fois là, tous ces débris d'animaux qui ont vécu, qui ont grandi, en
empruntant à nos champs la majeure partie des élé-

ments qui les constituent, vont être convenablement traités et transformés en engrais.

Le traitement qu'on leur fait subir est des plus simples ; les chairs sont cuites et desséchées ; le sang coagulé et desséché, les os dégraissés. Toutes ces matières qui, comme nous le savons, contiennent de l'azote et du phosphate, pulvérisées et mélangées ensemble dans certaines proportions, forment ce que l'on désigne, dans le commerce, sous le nom de *Guano d'Aubervilliers*. Ce guano industriel présente les caractères suivants : il est en poudre grise jaunâtre, renfermé dans des sacs plombés avec la garantie de 8 à 10 p. % d'azote, 12 à 15 p. % de phosphate. Il nous a donné à l'analyse les chiffres suivants sur 100 :

| | | |
|---|---|---|
| Humidité............. | 10 | 00 |
| Matières organiques..... | 68 | 67 |
| Phosphate............ | 15 | 02 |
| Résidu............ .... | 4 | 23 |
| Sels solubles.......... | 2 | 08 |
| | 100 | 00 |

Azote, 9, 40 p. %.

Le prix est de 30 fr. les 100 kilos pris à l'usine. Ce guano convient en général à toutes les cultures, et particulièrement au blé. On l'emploie à la dose de 350 à 400 kilos par hectare. La moitié de cette quantité répandue au printemps, en couverture, pourrait être avantageusement utilisée comme demi-fumure.

Pour faciliter la régularité dans l'épandage, il est convenable de le mêler avec de la terre. On le sème ensuite sur les champs à la volée, et on donne un coup de herse pour l'enterrer, parce que cet engrais, facilement décomposable, laisserait perdre dans l'atmosphère, au préjudice de nos récoltes, une certaine partie de ses principes fertilisants azotés.

Si maintenant nous voulons comparer encore la valeur de cet engrais au fumier, nous voyons, d'après l'analyse ci-dessus, que la dose de 400 kilos n'apporte comme fumure d'un hectare de terre, que :

274 kil. matières organiques formant de l'humus;
60 — phosphate ;
36 — azote ;
8 — sels alcalins ;

Tandis que nos 10,000 kilos de fumier eussent apporté :

1,410 kil. matières organiques formant de l'humus;
44 — phosphate ;
52 — sels alcalins ;
40 — azote.

En répétant ici avec intention cette comparaison sur laquelle nous ne reviendrons plus, notre but est de convaincre le praticien de cette vérité : que, quelle que soit la valeur d'un guano industriel, il ne saurait restituer au sol la totalité des principes utiles au développement des récoltes que le cultivateur trouve dans son fumier.

## Matières fertilisantes de Rohart.

Un honorable et intelligent industriel de Paris, qui a consacré une partie de sa vie à l'étude des engrais et à leur bonne confection, M. Rohart, livre annuellement au cultivateur des quantités considérables d'engrais ayant pour but de parer à l'insuffisance de leurs fumiers. Ces engrais sont préparés avec des déchets de toute nature, tels que débris de chairs et d'os, tendons, matières cornées, chiffons et déchets de laines, bourres, crins, poils, cuir, etc. Tous ces débris organisés, d'abord désagrégés par la vapeur, sont amenés à un état pâteux ; les os sont pulvérisés ; arrivées à cet état, on mélange toutes ces matières dans certaines proportions. On les met en tas où elles fermentent ; mais toutes les précautions sont prises pour la conservation de leur principe azoté. Tels sont les engrais qui sont connus dans le commerce sous le nom de matières fertilisantes de Rohart.

Si nous nous rappelons ici ce que nous avons déjà dit, que la valeur d'un engrais dépend de la nature des matières qui servent à sa confection, et aussi de l'état d'assimilation dans lequel se trouvent ces mêmes matières, nous verrons de suite que les matières fertilisantes de Rohart doivent être un bon engrais ; car elles sont formées de matières utiles à la végétation et amenées par la fermentation à un état où elles seront le plus convenables pour nourrir nos récoltes.

Ces matières fertilisantes préparées annuellement par lots considérables, sont livrées à l'agriculture au poids et sur analyse garantie. L'*Annuaire des Engrais*, de M. Rohart, nous fournit l'analyse d'un lot mis en vente. Il représente sur 100 kilos les matières suivantes :

| | | |
|---|---|---|
| Humidité et matières minérales. | 38 | 500 |
| Matières organiques......... | 49 | 500 |
| Phosphate d'os............. | 12 | 000 |
| | 100 | 000 |

Azote, 4 kilos 500 ; prix : 7 fr. 90 c. les 100 kilos en gare de Paris.

A ce prix un engrais qui présente bien cette composition est véritablement avantageux pour nos cultivateurs ; car nous avons estimé l'azote à 1 fr. 75 c. le kilo.

Les 4 kilos 500 d'azote garantis par M. Rohart, représenteraient à notre prix 7 fr. 85 c. On aurait donc pour le prix du transport les matières organiques, le phosphate et les substances minérales.

La quantité à employer par hectare est de 2,000 kilos, et 1,000 kilos pour une demi-fumure.

La durée en terre serait de deux années.

Le meilleur mode d'emploi serait l'enfouissement dans les fumiers ; mais on peut aussi les utiliser avantageusement en les faisant répandre à la volée.

### Guano de Poissons.

Quand il connaît la valeur fertilisante des chairs
et des os des animaux, le cultivateur n'a pas de
peine à comprendre que la chair et les os des poissons, que leurs débris même, doivent produire de
bons engrais. Cela est si vrai que dans toutes les
localités où se trouvent des débris de pêcheries de
toutes sortes, elles sont pour nos cultivateurs une
précieuse ressource. Mais c'est surtout à Terre-
Neuve, lieu de la pêche de la morue, qu'on peut
recueillir de nombreux débris de ce poisson. Aussi,
il y a quelques années, M. Demolon a formé à
Terre-Neuve et à Concarneau, dans le Finistère,
deux usines, où ces débris convenablement traités
étaient transformés en engrais et livrés à l'agriculture sous le nom de *Guano-Poisson*. Ce guano-poisson offrait à l'agriculture une valeur fertilisante
importante et lui était même livré à des prix assez
avantageux, car l'analyse constatait que sur 100 kilos il contenait :

12 kilos azote ;
14 kilos phosphate.

Et le prix en était de 24 fr. les 100 kilos.

Mais malheureusement cette industrie a cessé, et
cela est d'autant plus fâcheux pour l'agriculture,
qu'il n'est pas de fleuves, pas de rivières, pas de
cours d'eau, si petits qu'ils soient, qui n'entraînent

fatalement tous les jours à la mer une notable quantité de principes fertilisants enlevés à nos terres cultivées. Le raisonnement nous conduit donc à dire que c'est tôt ou tard qu'il faudra demander à la mer de quoi ravitailler, en quelque sorte, nos champs, en leur rapportant les éléments de fertilité que les lois naturelles leur ont enlevés.

Mais cette grande vérité, un industriel, dont nous venons de parler, l'a si bien compris, que nous voyons M. Rohart (de Paris), livrer aujourd'hui à notre agriculture, sous le nom de guanos de poissons ou débris des pêcheries maritimes de la Norwége, des cargaisons de débris de poissons.

Ce nouveau guano-poisson est à l'état sec et pulvérulent, sans odeur désagréable. Sa richesse fertilisante garantie par 100 kilos, est de :

8 à 10 p. % d'azote ;
25 à 35 p. % de phosphate.

Il est livré au prix de 25 fr. les 100 kilos ; comme il est en poudre, il est d'un épandage facile. On l'emploie à la dose de 4 et 500 kilos à l'hectare, selon l'état des terres et la nature des cultures.

### Guano de La Motte, Guano de la Madeleine.

Ces deux engrais, qui ne nous sont point inconnus, nous indiquent assez que les principales usines d'engrais situées dans nos contrées ne sont point restées en arrière du progrès agricole. Ajoutons même, et nous le prouverons tout-à-l'heure, que les industriels qui dirigent ces usines ont aussi compris cette grande vérité : que la valeur d'un engrais n'est pas seulement due à la somme des principes fertilisants qu'il renferme, mais aussi à l'état de solubilité qu'ils présentent, état qui les rend plus propres à nourrir nos cultures.

### Guano de la Motte.

MM. Pichelin sont les premiers qui, dans nos localités, aient produit un Guano industriel, préparé à la Motte-Beuvron. Cet engrais porte naturellement le nom de Guano de la Motte.

Les matières premières qui en forment la base sont la viande, le sang et les os. Dans le principe, cet engrais était livré à notre agriculture avec la garantie suivante par 100 kilos :

8 à 10 kilos d'azote.
25 à 30 kilos de phosphate de chaux.

Mais aujourd'hui cette composition n'est plus la même. MM. Pichelin ont compris ce que nous disions tout-à-l'heure, que la valeur d'un engrais dépend essentiellement de l'état de solubilité des éléments fertilisants qui le composent. Convenablement renseignés sur les bons effets que la culture anglaise obtient tous les jours par l'emploi du phos-

phate de chaux soluble, enfin n'ignorant pas les
reproches fondés que nos praticiens les plus distingués font au Guano du Pérou, qui trop riche
en azote par rapport à la quantité de phosphate
qu'il contient, offre l'inconvénient de développer de
la paille au détriment du grain, par toutes ces
raisons ces industriels se sont déterminés à changer
la composition primitive de leur engrais. Nous les
voyons livrer aujourd'hui à notre agriculture, sous
le nom de Guano-phospho-azoté assimilable, un
engrais qui contient tout à la fois de l'azote, du
phosphate de chaux soluble, du phosphate de chaux
insoluble et des sels alcalins. Ce nouveau Guano
présente à l'analyse la composition suivante :

Humidité, 15 %.

100 kilos de ce Guano desséché donnent les
chiffres suivants :

| | | |
|---|---:|---:|
| Matières organiques.......... | 52 | 24 |
| Phosphate de chaux soluble (équivalant à environ 15 de phosphate des os)........ | 11 | 47 |
| Phosphate de chaux des os.... | 24 | 28 |
| Sels solubles.............. | 10 | 16 |
| Résidu siliceux............ | 1 | 85 |
| | 100 | 00 |

Azote, 6, 64 %.

Ce Guano se livre à l'agriculture en sacs plombés avec la garantie suivante par 100 kilos :

Azote, 6 à 7 %.

Phosphate, 35 à 40 %.

Pour le répandre sur le sol, on le sème à la volée et par un temps calme et humide et on donne ensuite un léger coup de herse pour l'enterrer. On peut l'employer aussi en couvertures au printemps sur les céréales d'hiver qui seraient mal venues, ou qui n'auraient reçu en automne qu'une demi-fumure. Enfin il peut servir à toutes les cultures, et les doses qu'il convient d'employer par hectare sont les suivantes :

| Pour cultures de blé froment | 350 à 400 kilos. |
|---|---|
| —          seigle. | 300 à 350 k. |
| —          orge et avoine. | 150 à 200 k. |
| —          colza. | 350 à 400 k. |
| —          betteraves | 450 à 500 k. |
| —          prairies naturelles et artificielles. | 250 à 300 k. |

Le prix de 100 kilos de ce Guano pris à l'usine ou en gare de la Motte est de 28 francs.

### Guano de la Madeleine.

Sous ce nom, l'usine de M. Goubeau, située à la Madeleine, fournit à l'agriculture un engrais que les cultivateurs ont intérêt à bien connaître. Ce Guano sous forme pulvérulente contient en moyenne 10 à 15 p. °/₀ d'humidité et est livré à l'agriculture en sacs plombés avec la garantie suivante, faite à l'état sec :

| | |
|---|---|
| Sang et chair desséchés. | 60 |
| Phosphate des os....... | 15 |
| Phosphate de soude...... | 15 |
| Nitrate de soude........ | 10 |
| | 100 |

| | |
|---|---|
| Azote du nitrate de soude........ | 1 k. 500 |
| Azote des matière animales ...... | 6 k. 500 |
| Total de l'azote... | 8 kilos. |

Prix : 28 francs les 100 kilos pris à l'usine.

Comme le prouve l'analyse ci-dessus, la base de ce guano industriel est encore formée par la chair, le sang et les os, mais nous y trouvons deux éléments nouveaux, le nitrate de soude et le phosphate de soude.

L'un de ces deux éléments, le nitrate de soude, nous est actuellement connu ; nous savons que c'est un composé minéral azoté fournissant de l'azote soluble, et par cela même très-profitable à nos récoltes. Quant au phosphate de soude, c'est un sel très-soluble contenant de l'acide phosphorique, c'est-à-dire ce même élément renfermé dans le

phosphate de chaux et auquel ce dernier doit son
utilité pour la formation des graines de nos récoltes. Mais le phosphate de chaux, nous le savons,
pour agir utilement, est obligé de se dissoudre dans
le sol, et comme la science admet que pour bien
nourrir nos récoltes, il faut qu'il devienne phosphate
de potasse, phosphate de soude, ou phosphate d'ammoniaque, ceci suffira pour faire comprendre au cultivateur l'avantage que peut présenter cet engrais,
puisqu'il contient du phosphate de soude tout formé.
Quoique nous ne puissions pas ici donner de résultats pratiques obtenus par l'emploi d'un pareil
guano, nous oserons néanmoins supposer que l'agriculture pourra en retirer de bons avantages.

Ce guano s'emploie à la dose de 300 à 400 kilos
par hectare; il est pulvérulent et réclame dans son
emploi les mêmes soins que le Guano du Pérou.
Quoique par sa composition il convienne parfaitement aux céréales, néanmoins on peut l'appliquer à
d'autres cultures, et, répandu au printemps sur les
prairies soit naturelles, soit artificielles, il doit certainement produire de très-bons effets.

Nous n'examinerons pas d'autres guanos industriels, le nombre en est trop considérable et nous
n'aurions en quelque sorte qu'à répéter ici, avec
quelques variantes, ce que nous avons dit ; nous
avons voulu seulement faire connaître aux cultivateurs les guanos les plus usités et les plus à
même d'être utilisés dans nos localités. Nous avons

voulu aussi que l'on comprît bien quelle est la nature
des matières qui servent généralement à leur fabrication et persuader en outre de cette grande vérité,
que si ces engrais industriels sont devenus d'une
nécessité absolue à notre agriculture, s'ils peuvent lui donner des récoltes, néanmoins ils ne
sont point de nature à améliorer nos champs. Un
cultivateur prudent et intelligent ne devra pas
craindre de les employer au besoin, mais il devra
bien se donner de garde d'en abuser; leur emploi, en
donnant des récoltes, ayant pour effet d'épuiser le
sol de la fertilité naturelle ou acquise par les soins
d'une bonne culture.

# CHAPITRE X.

---

## Composts.

On désigne en agriculture, sous le nom de composts, des mélanges, sans proportion bien déterminée de matières végétales, de matières animales et de matières terreuses. De pareils mélanges abandonnés à eux-mêmes entrent en fermentation, et, au bout d'un temps plus ou moins long, selon la nature et la proportion des matières qui les constituent, ils vont se transformer en un terreau de valeur fertilisante variable. Les composts donnent au cultivateur le moyen d'utiliser, comme engrais à la ferme, une foule de matières qui, si elles ne sont pas complètement perdues, sont loin d'être employées avec autant d'avantages qu'elles pourraient l'être. Utiles partout et toujours, les composts, lorsqu'ils sont

6

intelligemment préparés, peuvent rendre les plus grands services à l'agriculture. C'est qu'en effet toutes les fois que le cultivateur disposera pour leur confection d'une quantité suffisante de gazons ou de mauvaises herbes, il pourra non-seulement parer à l'insuffisance de son fumier, mais produire à la ferme des engrais qui lui donneront des récoltes, sans avoir à redouter d'épuiser son champ de son principe fertilisant : *humus*. Les composts bien préparés possèdent donc seuls avec le fumier cette double propriété de donner des récoltes et d'améliorer le sol.

Les matières qui peuvent servir à leur confection ne manquent jamais à la ferme; elles sont, au contraire, très-nombreuses et doivent naturellement varier. Ainsi on peut faire servir à leur préparation toutes les mauvaises herbes qui croissent abondamment le long des murs de la ferme, les gazons qu'on trouve sur les pâtis, le long des chemins, des haies, sur les ados de fossés, les fruits gâtés, les déchets de cuisines, les balayures de granges, de greniers, les feuilles d'arbres, les déjections solides et liquides du personnel de la ferme, les mauvaises plumes de volailles, les rognures de peaux, les déchets de cornes, les débris des vieux cuirs, les débris animaux tels que bourres, poils et crins. Toutes ces matières seront très-bien alliées aux boues de la cour, des chemins, aux curures de fossés, de mares, d'étangs, aux cendres, aux charrées, à de la suie, de la chaux,

de la marne, des poussiers de charbon, à des vieux
platras et même au besoin à des terres végétales.
Toutes ces matières ont par elles-mêmes une valeur
fertilisante variable, et elles n'en sont déjà pas
moins utiles ; mais lorsqu'elles vont être mélangées,
lorsqu'on aura pris la peine de provoquer leur
désagrégation avec des liquides fertilisants, tels
que des urines, des eaux de vaisselle, de savon,
de lessive et même au besoin des eaux de mares,
on les aura transformées en engrais assimilables de
composition très-complexe et pouvant servir utilement et presque indistinctement à toutes les cultures.

Mais il ne suffit pas d'avoir indiqué au praticien
les matières qu'il peut faire entrer dans la fabrication des composts, engrais indispensables au cultivateur qui ne veut pas acheter d'engrais artificiels,
surtout à son entrée dans une ferme, lorsque généralement il ne possède pas encore un bétail suffisant pour lui produire de gros tas de fumier. Nous
avons encore à lui indiquer comment il doit procéder pour les obtenir dans de bonnes conditions. Il
faut d'abord choisir un emplacement convenable;
l'emplacement est des plus faciles à trouver, car, à
moins que l'on ne fasse entrer dans la confection
des composts bon nombre de matières animales,
qui, en se décomposant, dégageraient des quantités
de gaz infects et insalubres, on peut les disposer sur
l'extrémité des champs les plus voisins de la ferme,

qui ne sont point occupés par des cultures. Comme
toutes les matières dont le cultivateur peut se servir
ont des valeurs fertilisantes différentes, il faut les
allier les unes aux autres en les disposant par couches. Sur l'extrémité d'un champ proche de la ferme,
on établit donc d'abord un lit de terre. Sur ce lit, on
disposera par couches les feuilles, les gazons qu'on
recouvrira d'une couche de chaux, de marne ou de
cendre. Par-dessus un lit de vases de fossés, de
mares ou de boues de la cour, puis des feuilles, des
gazons, de la chaux, de la marne ou des charrées.
On continuera ainsi en stratifiant toutes les matières qu'on pourra utiliser, jusqu'à ce que le tas ait
acquis une hauteur maximum de deux mètres. On
recouvrira le tout d'une couche de terre. Ces tas
seront arrosés des liquides fertilisants, dont on
pourra disposer.

L'opération dure en général de trois à six mois,
selon la nature des matières qu'on a employées. Il
est souvent utile de remanier le compost, au moins
une fois, afin que le mélange de toutes ces matières
devienne uniforme. Il est surtout important de l'arroser de temps en temps, toutes les fois que le besoin s'en fait sentir. Mais pour que dans ces arrosements, l'imbibition de la masse soit complète, on
opère ainsi : on fait de distance en distance des
trous dans la masse, avec un pieu qu'on enfonce de
haut en bas, puis on remplit ces trous d'eau ou de
liquide fertilisant, si l'on en, a à sa disposition. Par

ce moyen simple, l'imbibition devient générale, le liquide pénétrant dans la totalité de la masse ; on renouvelle cette dernière opération toutes les fois que le besoin s'en fait sentir. Enfin, toutes les matières qui entrent dans leur préparation doivent être privées de pierres ; car, s'il en était autrement, pour celles qu'on destine aux prairies, il faudrait, avant de les répandre, les passer à la claie pour les en débarrasser, sans quoi, lors du fauchage, la faux ne pourrait pas couper les récoltes aussi régulièrement.

L'emploi des composts est généralement réservé aux prés, aux prairies, foin, sainfoin et luzerne. Par ce moyen le cultivateur pourra disposer de tout son fumier d'étables, d'écuries et de bergeries, pour ses terres en labour. On pourrait cependant aussi s'en servir pour la culture de quelques plantes industrielles : lin, chanvre et pavot. Si l'on voulait s'en servir pour des céréales, il faudrait faire intervenir dars leur confection une certaine quantité de fumier sur lequel on aurait soin de répandre du phosphate minéral; on enrichirait ainsi ce compost de phosphate de chaux, indispensable à la formation des graines de ces récoltes.

Lorsque les composts sont destinés aux prairies, on les conduit sur les champs en février; on les dispose par petits tas que l'on écarte ensuite.

Quant aux quantités à répandre, il est difficile de pouvoir les assigner au cultivateur, parce que leur valeur fertilisante peut varier à l'infini. Les seules données que l'on puisse indiquer aux cultivateurs, c'est que, lorsqu'ils auront fait entrer dans leur confection un assez grand nombre de matières organiques et de matières minérales utiles, 25 à 35 mètres cubes par hectare forment une dose convenable. Tout en reconnaissant ici que pour aménager et confectionner 25 à 35 mètres cubes, soit 250 à 350 hectolitres de composts nécessaires à fertiliser un hectare de terre, le cultivateur doit dépenser une certaine somme de travail dont il tiendra compte, nous ne devons pas oublier de lui dire que s'il eût fumé convenablement son hectare de terre avec 10,000 kilos de fumier, il aurait dépensé une valeur représentative de 100 fr., et que cette valeur eût été dépassée, s'il eût eu recours au Guano du Pérou et aux autres engrais industriels. Ajoutons que les composts bien préparés sont comme le fumier ; tout en fertilisant la terre, ils l'améliorent. Toutes les fois donc que la ferme, par la position qu'elle occupe, offrira au cultivateur les matériaux nécessaires, il aura plus d'avantage, pour parer à l'insuffisance de son fumier, de préparer des composts qui lui donneront des récoltes et amélioreront sa terre, que de recourir aux engrais industriels qui ne donnent des récoltes qu'en épuisant le sol d'une partie de sa fécondité acquise.

Donnons ici quelques faits pratiques qui nous serviront d'exemples : le terreaudage, pratiqué en

Beauce, par la nature des terres qui en forment la base, ne peut-il pas être considéré comme un vrai compost naturel, dont les effets sont si bien connus et si bien appréciés de nos cultivateurs beaucerons, que, ne voulant pas acheter d'engrais artificiels, ils ne reculent pas devant les frais considérables qu'occasionne une pareille opération. Et les boues des rues de nos villes, lorsqu'elles ont été amenées par la fermentation à l'état de terreau, ne nous représentent-elles pas un compost très-fertilisant, dont nous constatons l'heureuse influence sur le sol en voyant la fécondité des jardins des maraîchers. Cette fécondité est si grande, que sur le même coin de terre les jardiniers-maraîchers peuvent obtenir annuellement plusieurs récoltes de légumes de toute espèce.

Ces considérations générales établies, examinons les composts les plus connus, et parmi les recettes si nombreuses qui existent pour la confection de ces engrais, nous en indiquerons quelques-unes au cultivateur pour lui servir de guide.

Parmi les composts les plus connus et qui ont joué un rôle important en agriculture, nous citerons d'abord ici pour mémoire l'engrais du provençal Jauffret. C'est en utilisant d'une manière convenable toutes les mauvaises herbes, très-communes dans certaines contrées de la Provence, que cet humble paysan, qu'on désigne aujourd'hui sous le nom d'apôtre et de martyr des engrais, est parvenu à fertiliser une partie de ces contrées.

En tenant compte de la grande quantité de débris organiques que renferme cet engrais, nous l'avons classé et examiné dans les engrais fournis par les végétaux.

Nous ne reviendrons pas ici sur cette étude.

### Boues ou fumiers des rues.

Les nombreux débris que jettent tous les jours à la rue les populations de nos grandes et de nos petites villes, forment ce que l'on désigne sous le nom de fumiers ou de boues des rues. Ces immondices que l'on enlève tous les jours dans l'intérêt de la propreté des villes et de l'hygiène des habitants, constituent un engrais d'une certaine importance, tant par les quantités que peuvent en fournir nos villes, que par la valeur fertilisante qu'ils représentent. La quantité de boues des rues que peut donner une ville varie naturellement avec la population, mais les statistiques établissent une moyenne de 300 kilos par an pour chaque habitant. Il résulte de ceci qu'une ville comme Orléans en fournirait annuellement près de 15,000,000 kilos. Ces boues de ville transportées d'abord à une certaine distance des barrières des cités, sont mises en tas, où elles restent pendant plusieurs mois. Pendant ce temps, elles vont fermenter et se transformer en un véritable compost des plus fertilisants. Quoique nous ne puissions pas donner ici l'analyse représentant la composition de cet engrais, on comprendra facilement qu'il doit avoir une certaine valeur agricole; car il suffit de réfléchir aux éléments qui le forment et qui sont représentés par des débris animaux et végétaux de toute nature fournissant de l'humus et de l'azote, par des débris d'os donnant du phosphate de chaux, et par des cendres, des écailles d'huîtres qui, outre des alcalis, apporteront encore du phosphate et du carbonate de chaux; il suffit, disons-nous, de songer à tous ces éléments divers, pour admettre que le fumier des rues est un engrais assez important et même complet.

Dans le voisinage des grandes villes, les boues ne peuvent guère être utilisées par l'agriculture. Elles sont recherchées avec trop de soin par les maraîchers auxquels elles donnent les meilleurs résultats. Il n'en est pas de même dans les petites villes et les gros bourgs, où chacun possède un jardin potager. Dans ce cas, un cultivateur intelligent a intérêt à se les procurer, car il trouvera dans leur emploi un moyen des plus heureux de parer à l'insuffisance de son fumier. Ces boues conviennent à toutes les cultures, aussi bien aux céréales, blés, seigles, qu'aux crucifères, navets, turneps et colzas. Elles s'appliquent indistinctement sur tous les sols. Cependant les faits pratiques nous apprennent que, quand elles n'ont pas fermenté, elles conviennent

6.

mieux aux terres argileuses et compactes qu'aux sols légers et siliceux. Leur action sur le sol se fait sentir pendant plusieurs années ; aussi, dit-on, dans certaines localités, que les terres sur lesquelles on les applique s'en souviennent longtemps.

Quant aux quantités, que le cultivateur en devra répandre sur un hectare de terre, elles nous sont données par le calcul suivant : on estime généralement qu'une voiture de fumier de ville, fermenté, équivaut à quatre voitures de fumier d'étable.

### Compost Kraft d'Aubervilliers.

Nous voyons aussi notre industrie livrer à l'agriculture des composts tout préparés, et comme exemple, nous donnerons le compost Kraft d'Aubervilliers.

Cet engrais est préparé avec des liquides fertilisants tels que les bouillons gélatineux, provenant de la cuisson des viandes, le liquide alcalin qui reste dans les chaudières après la coagulation du sang, des intestins d'animaux, des matières absorbantes telles que tannée, sciure de bois, tourbe ou poussier de charbon. Toutes ces matières mises en tas pour fermenter, forment avec le temps un compost qui représente une certaine valeur fertilisante.

L'engrais Kraft est livré aux cultivateurs avec la garantie suivante :

2 à 3 % d'azote.

15 à 20 % de phosphates.

La quantité à répandre par hectare est de 12 à 1,500 kilos.

Il convient à toute espèce de cultures. Certainement au prix auquel il est livré à l'agriculture, 6 fr. 50 les 100 kilos, ce compost n'est pas sans avantages pour les cultivateurs, mais comme tous les composts, il est d'un transport peu facile et assez coûteux par rapport à la grande quantité d'humidité qu'il contient (36 p. % de son poids). Cette grande quantité d'humidité nous fait craindre que son emploi n'en soit limité aux contrées qui sont très-rapprochées d'Aubervilliers.

Avant d'en terminer avec l'étude des composts, quoiqu'il nous soit impossible de fixer aucune règle relative à la quantité et à la qualité des matières qui doivent entrer dans leur confection, nous allons exposer quelques-unes des nombreuses recettes qu'on trouve indiquées dans les ouvrages et que le cultivateur sera libre de modifier selon ses ressources.

### Compost du Bourbonnais.

1 à 2 hectolitres de colombine.

3 à 4 hectolitres de cendres.

10 tombereaux de boues des routes.

On dit qu'un pareil mélange peut produire sur un

hectare de terre des effets admirables. En admettant qu'il en soit ainsi, avouons qu'un pareil mélange ne serait pas facile à obtenir dans nos localités, où les colombiers tendent de jour en jour à disparaître.

### Compost de M. Quenard, à Montargis.

Une couche d'herbages d'étangs,
    —    de chaux vive, de cendres et de suie,
    —    de paille et d'herbages,
    —    de chaux vive, de cendres et de suie.

Selon l'auteur, un pareil mélange imbibé d'eau et amené par la fermentation à un certain état de décomposition, forme un compost parfait. Enfin, on peut faire varier à l'infini les matières pouvant former des composts comme nous le prouvent les exemples suivants :

1° 50 p. % fumier.
    25 — chaux vive.
    25 — terre.

2° 50 p. % curures de fossés.
    50 — suie.
    25 — fumier.

3° 40 p. % vase d'étangs.
    25 — plantes inutiles.
    25 — chaux vive.
    10 — déchets de granges

4° 40 p. % fumier.
    40 — boues de routes.
    20 — matières fécales.

5° 30 p. % vase.
    20 — gazons.
    20 — chaux vive.
    30 — fumier.

6° 50 p. % tan.
    20 — chaux vive.
    70 — vase d'étangs.

Inutile de multiplier ces exemples qui, comme nous le voyons, doivent varier avec les ressources de la ferme.

En terminant l'étude des engrais si longue et si intéressante pour nos cultivateurs, il faut leur rappeler :

1° Qu'ils doivent, avant tout, faire tous leurs efforts pour augmenter la masse de leur fumier et prendre toutes les précautions nécessaires pour en conserver tous les principes fertilisants.

2° Qu'au moyen de composts, ils ne devraient point négliger d'utiliser à la ferme toutes les valeurs fertilisantes, que leur incurie laisse trop souvent perdre.

3° Que l'expérience pratique a démontré que, pour obtenir des récoltes suffisamment rémunératrices sur les terres en labour, on doit les fumer convenablement. En cas d'insuffisance de fumier, le cultivateur ne devra pas négliger d'avoir recours aux engrais industriels, en prenant toutes les précautions que nous avons indiquées.

Enfin la comparaison suivante fera peut-être mieux comprendre au cultivateur toute notre pensée. On sait que le bétail à la ferme ne donne de beaux et bons produits qu'à la condition qu'il recevra tous les jours du fermier une ration convenable et abondante. Eh bien ! le cultivateur peut considérer les plantes qu'il cultive comme autant d'individus qu'il élève, pour en obtenir des produits. Mais comme ces individus sont cloués au sol par des lois naturelles, s'il veut en obtenir de beaux et bons produits, il doit naturellement leur apporter une nourriture abondante et qui leur convienne, et nous savons que la nourriture des individus qui forment nos récoltes s'appelle *engrais*. Le cultivateur doit donc fournir en abondance de l'engrais à ses récoltes.

# CHAPITRE XI.

---

## Aperçu général sur la Ferme et ses Engrais.

Nous venons de passer en revue les principaux engrais que peut utiliser notre agriculture. Quoique le nombre en soit grand, certainement nous serons dans le vrai en disant que les efforts de la science et de l'industrie nous en fourniront bien d'autres. Tôt ou tard la science trouvera le moyen d'emprunter à l'air cet azote, qui s'y trouve en si grande quantité, pour le transformer en produits azotés, si nécessaires à la culture. Si maintenant nous rappelons ici que les eaux courantes, quel que soit leur volume, dépouillent continuellement les terres d'une foule de matières utiles à leur fécondité, et cela pour les porter à la mer, nous pouvons espérer que l'industrie,

explorant les mers, finira par utiliser des milliers
de poissons qui, quoique n'ayant aucune valeur alimentaire de nos jours, n'en possèdent pas moins
une valeur fertilisante importante. Cela serait d'autant plus rationnel que ce serait rapporter sur nos
champs des principes de fécondité que les lois naturelles nous en ont forcément enlevés.

Mais tout en exprimant nos vœux pour que cette
idée, qui a reçu un commencement d'exécution, se
généralise, nous espérons avoir démontré que ce
n'est pas précisément l'engrais qui manque au cultivateur, et que c'est lui au contraire qui trop souvent ne le voit pas, ou ne veut pas l'apercevoir.

Si, parmi les engrais nombreux et variés que
nous avons examinés, nous avons surtout appelé
l'attention du cultivateur sur le fumier, c'est parce
qu'il est et qu'il restera toujours son premier engrais, fécondant tout à la fois le sol et jouissant de
la propriété de l'améliorer. Quoique l'étude des
autres engrais nous ait appris qu'ils ne jouissaient
pas complètement des mêmes propriétés que le fumier, et que leur emploi successivement répété sur
le même champ aurait pour effet de le frapper de
stérilité, il n'est pas dans notre pensée d'en défendre
l'usage comme fumure complémentaire. Car, dans
l'état actuel de notre agriculture, en voyant la manière dont les choses se passent à la ferme, nous ne
reconnaissons que deux moyens certains pour obtenir des produits suffisamment rémunérateurs :

1° Recourir aux engrais industriels comme complément du fumier, en les employant avec intelligence et sans abus. Et en tenant compte des avertissements que nous lui avons donnés, le cultivateur, nous l'espérons, ne sera pas exposé dans leur acquisition à être victime de sa bonne foi. Il obtiendra ainsi des récoltes et pourra parer à l'épuisement de certains principes fertilisants que les cultures et les forces naturelles enlèvent annuellement à son sol;

2° Ou chercher à augmenter à la ferme la masse du fumier qui est généralement insuffisante, vérité que nous nous sommes contenté d'indiquer jusqu'à ce jour, mais que nous allons chercher à vous démontrer par quelques chiffres.

Nous prendrons pour cela une ferme moyenne comme il y en a tant, et pouvant avoir la contenance d'environ 100 hectares (ceci représente environ 350 mines de Beauce).

Nous supposerons cette ferme soumise à l'assolement triennal et nous aurons :

25 hectares en prairies ;
25   —    en jachère ;
25   —    blé ou seigle ;
25   —    orge, avoine ou menus grains.

En ne tenant pas compte ici des 25 hectares de prairies, qu'on néglige trop souvent de fumer et qui rentrent dans la culture au fur et à mesure qu'on les défriche, nous aurons la rotation suivante :

1<sup>re</sup> année : 25 hectares jachère fumée ;
2<sup>e</sup>   —   25   —   blé et seigle ;
3<sup>e</sup>   —   25   —   orge, avoine, etc.

Nous avons donc à fumer tous les ans 25 hectares de jachère qui doivent nous donner deux récoltes, l'une de blé ou de seigle, l'autre d'avoine ou d'orge. Or, en maintenant ici ce que nous avons admis, savoir : 10,000 kilos de fumier par hectare et par an, chaque hectare de jachère exigera 20,000 kilos de fumier pour nous donner nos deux récoltes : soit, pour les 25 hectares, 500,000 kilos de fumier.

Voyons si dans la ferme que nous avons prise pour modèle, nous pouvons généralement produire cette somme de fumier.

Nous ne serons pas loin de la vérité en disant que dans une pareille ferme de Beauce, le bétail se trouve représenté par 6 chevaux, 15 vaches, 350 bêtes à laine et 4 porcs.

|  | Fumier. |
|---|---|
| Chaque cheval nous donne en moyenne par tête et par an....... | 10,200 kil. |
| Chaque vache nous donne en moyenne par tête et par an....... | 11,400 |
| Chaque bête à laine nous donne en moyenne par tête et par an..... | 550 |
| Chaque porc nous donne en moyenne par tête et par an....... | 1,100 |

On aura donc annuellement pour :

| | Fumier. |
|---|---|
| Les 6 chevaux | 61,200 kil. |
| Les 15 vaches | 171,000 |
| Les 350 bêtes à laine | 192,500 |
| Les 4 porcs | 4,400 |
| Soit au total | 429,100 kil. |

fournis par le bétail de l'exploitation. Nous venons de voir qu'il nous en aurait fallu 500,000 kilos ; c'est donc un déficit, en chiffres ronds, de 70,000 kilos de fumier par an, sans compter les pertes forcées que subit ce puissant agent de fertilisation. Si nous continuons nos recherches, en acceptant la modification que certains cultivateurs de Beauce ont apportée dans leur assolement triennal, nous n'en trouverons pas moins que cette modification, tout en offrant au cultivateur quelques avantages de plus, laisse encore un déficit dans la production du fumier.

Dans cet assolement triennal modifié, nous voyons qu'une partie de la jachère est utilisée pour la production de fourrages verts, ce qui permet de nourrir un plus grand nombre de bestiaux, et cet assolement se présente ainsi :

25 hectares en prairies artificielles ;

25 hectares en jachère, dont 12 hect. 50 en guérets et 12 hect. 50 en fourrages, vesces ou pois ;

25 hectares blé et seigle ;

25 hectares avoine et orge.

Puisque dans ce nouveau système de culture, nous demandons à une partie de la jachère, un supplément de récoltes, il nous faut dans ce cas un supplément de fumure. Voyons dans ce cas quelle sera la quantité de fumier nécessaire ! Supposons que nos 12 hect. 50 de jachère, ensemencés en fourrages verts, nous donnent chacun 3,000 k. de vesces ou de pois gris, soit 37,500 k. pour nos 12 hectares 50 ; que nos 25 hectares en blé nous donnent 18 hectolitres de blé par hectare, soit pour les 25 hectares, 450 hectolitres de blé, et que nos 25 hectares en avoine nous donnent 30 hectolitres à l'hectare, soit 750 hectolitres pour nos 25 hectares, quelle sera la quantité de fumier nécessaire pour une pareille récolte ?

Sans admettre ici le chiffre rond de 10,000 kilos de fumier par hectare et par an, si nous recherchons, avec l'honorable professeur de Grignon, M. Heuzé, la quantité de fumier nécessaire pour produire une pareille récolte, nous trouvons que 3,000 kilos de vesces ou de pois gris exigent 9,000 kilos de fumier, soit, pour la récolte à obtenir, de 12 hect. 50, 112,500 kilos de fumier. Nos 25 hectares en blé, en supposant une récolte de 18 hectolitres par hectare, puisqu'un hectolitre de blé exige 500 kilos de fumier, nos 18 hectolitres exigeront 9,000 kilos de fumier, soit pour la récolte totale de 450 hectolitres, faite sur les 25 hectares, 225,000 kilos de fumier.

Nos 25 hectares d'avoine ou d'orge, en supposant

une récolte de 30 hectolitres à l'hectare, puisqu'un hectolitre d'orge exige 300 kilos de fumier, les 30 hectolitres exigeront aussi 9,000 kilos de fumier, soit aussi pour la récolte de 750 hectolitres d'avoine ou d'orge, faite sur nos 25 hectares, 225,000 kilos de fumier.

La quantité de fumier nécessaire pour obtenir une pareille récolte se résume donc ainsi :

|  | Fumier. | |
|---|---|---|
| Pour notre récolte de fourrages sur jachère..................... | 112 k. | 500 |
| Pour notre récolte de blé........ | 225 | 000 |
| Pour notre récolte d'avoine...... | 225 | 000 |
| Fumier nécessaire en pareil cas.. | 562 k. | 500 |

Dans ce second exemple, le déficit du fumier est de 62,500 kilos, plus considérable que dans le premier cas ; mais avouons que ce déficit n'est pas réel, car les 62,500 kilos qui manquent ici seront plus que couverts par la consommation des fourrages verts pris sur la jachère qui, permettant de nourrir un plus grand nombre de bestiaux, donneront plus de produits au cultivateur.

Tout en reconnaissant que cette modification apportée par quelques cultivateurs à l'assolement triennal soit à leur avantage, nous n'en voyons pas moins qu'il reste annuellement à la ferme un déficit de 70,000 kilos de fumier environ, qui s'élève certainement bien plus haut par l'entêtement des cul-

tivateurs qui ne veulent rien faire pour sa conservation.

Dans ces calculs, nous avons omis avec intention
le fumier que peuvent fournir annuellement les volailles et les animaux de basse-cour, persuadé que
la quantité de fumier perdue à la ferme dépasse de
beaucoup celle que peuvent fournir ces animaux.

Ces chiffres, que certainement bien des circonstances peuvent faire varier d'une ferme à une autre,
n'en démontrent pas moins que, vue d'une manière
générale, la production du fumier est insuffisante à
la ferme; et qu'en suivant un pareil système de culture, le cultivateur, s'il ne veut pas tirer du dehors
des matières fécondantes, ou augmenter à la ferme
la masse du fumier, par tous les moyens possibles,
verra, quelque fertile qu'il soit, son champ s'appauvrir; car, quelque efficaces que soient les travaux
physiques du sol, ils ne peuvent suppléer à l'insufi-
sance de l'engrais.

Voyons s'il nous sera possible de donner au cultivateur le moyen d'augmenter à la ferme la masse du
fumier. Nous établirons d'abord que si nos cultivateurs avaient un peu plus de connaissances en économie agricole; que s'ils s'étaient bien rendu compte
de cette vérité, que sur les terres en labour il n'y a
que les récoltes *maxima* qui donnent des produits
suffisamment rémunérateurs, et que ces fortes récoltes ne peuvent s'obtenir qu'au moyen de bonnes
fumures, ils verraient, disons-nous, qu'il y aurait

avantage pour eux à distraire de leurs terres en labour une certaine quantité de champs qui, transformés en prairies, leur donneraient le moyen de nourrir un bétail plus nombreux, et par cela même d'augmenter les tas de fumier.

Nous avons déjà vu aussi que le terreaudage, que les composts sont encore de puissants moyens pour combler le déficit du fumier ; mais nous devons chercher à prouver qu'on pourrait mieux faire encore.

Si nous jetons un coup d'œil sur la manière dont s'administre une ferme, nous trouvons qu'au fermier appartient la direction générale de l'exploitation ; il est secondé par un personnel composé de laboureurs, de batteurs, d'un berger et d'un valet de cour.

A la fermière appartient la direction de la basse-cour, de la vacherie et le soin de pourvoir à l'alimentation générale du personnel. Elle est secondée par une ou deux filles qu'on appelle *servantes*. Tout le personnel d'une ferme est donc voué à une occupation spéciale : le laboureur aux travaux des champs, le batteur à ses grains, le berger à son troupeau. Au milieu de tout cela, ne voyons-nous pas qu'il manque un serviteur important ? Qui donc, en effet, veille aux besoins des plantes qui deviendront des récoltes, de ces plantes, véritables êtres vivants, qui, pour naître, pour grandir, pour nous donner des produits *maxima*, ont besoin de recevoir, comme les animaux, une nourriture suffisante et bien apprêtée ? Personne ! Il faut avouer pourtant qu'on leur fournit le fumier de la ferme ; mais est-il toujours dans l'état qui nous semble le mieux leur convenir, et ne venons-nous pas de voir qu'il est insuffisant pour apporter à toutes les cultures de la ferme la ration qui leur est nécessaire ?

Il serait donc à désirer, et cela viendra, que, dans une ferme un peu importante, il y eût un homme spécial pour la préparation des engrais qui doivent former la nourriture de nos récoltes, comme le berger qui veille à l'entretien et à la conservation du troupeau.

Supposons que cette personne existe dans une ferme et voyons quelle serait son occupation, son travail tout à la fois utile et intelligent. Il serait à désirer d'abord que cet homme connût bien les besoins des récoltes : *humus*, *azote*, *phosphates* et *alcalis*. Il ne devrait pas ignorer non plus que ces matières deviennent surtout utiles lorsqu'elles ont subi une fermentation convenable, qui les rend plus aptes à satisfaire aux besoins des plantes. Mais nous avouerons qu'aujourd'hui il serait peut-être difficile de trouver à la ferme un homme qui comprît bien ces deux grandes vérités ; ce serait au cultivateur intelligent de le diriger et de les lui faire comprendre. Ceci admis, les premiers soins de notre homme seront consacrés au fumier, pour lequel il choisira un emplacement convenable ; il l'entassera

méthodiquement, il veillera à ce que le purin ne
se perde pas ; par des arrosements intelligents il
en modèrera la fermentation et, en semant un peu
de plâtre à la surface, il s'opposera à la déperdition
de l'azote : en un mot il prendra toutes les précautions nécessaires pour en conserver tous les principes fertilisants.

Voilà un premier travail dont personne ne peut
contester l'utilité et même la nécessité. Mais cela
ne suffit pas ; il faut que notre homme cherche à
combler à la ferme le déficit du fumier, en utilisant
avec intelligence toutes les ressources qu'il pourra
s'y procurer. La question nous paraît assez facile, si
le cultivateur veut se donner la peine de mettre à la
disposition de son homme les substances minérales
suivantes : plâtre, chaux et phosphate minéral.

Le plâtre saupoudré dans les fumiers ou dans les
composts servira à conserver l'azote de ces engrais.

Le phosphate minéral sera semé dans les étables,
dans le fumier, ou dans les composts, et s'opposera
par le phosphate de chaux qu'il contient à l'appauvrissement fatal de nos terres en phosphate.

Pour opérer maintenant la deuxième partie de
son travail, notre homme devra toujours avoir à sa
disposition des terres argileuses qu'il prendra dans
les champs les plus rapprochés de la ferme. Ces
terres seront abritées sous des hangars pour qu'elles
puissent se dessécher et servir aux différents usages
suivants ; ainsi, toutes les fois que l'on retirera le

7

fumier de dessous les pieds des animaux, il en sèmera une couche légère sur le sol des étables mal pavées, et elles sont nombreuses dans nos fermes. Ces terres serviront en outre à absorber l'excédant des liquides fertilisants, qui ne seraient point utilisés momentanément, dans la confection des composts. Tous les jours notre homme recueillera avec soin les déjections solides et liquides du personnel. Ces matières traitées, comme nous l'avons dit plus haut, se transformeront en produits fertilisants.

Il n'oubliera pas de ramasser l'excédant des cendres qui ne serviraient pas au lessivage, les cendres lessivées, la suie et le poussier de charbon. Toutes ces matières, mélangées avec les terres qu'il aura en réserve, resteront en dépôt jusqu'au jour où il se livrera à la confection des composts ou des nitrates.

Les os provenant des viandes consommées à la ferme seront pour lui l'objet d'un soin tout spécial.

Ils contiennent en effet une notable proportion de phosphate de chaux, cet élément de fertilité si précieux et qu'une inintelligente culture tend à distraire du sol. Les os seront enfouis dans des matières terreuses où ils subiront une fermentation lente et modérée qui les amènera à un état tel, qu'en les retirant plus tard, ils pourront se dessécher facilement et se pulvériser. Cette poudre d'os sera stratifiée dans les diverses couches du fumier où ils rapporteront, comme nous le savons, l'un des éléments les plus nécessaires à la formation du grain de blé.

Notre homme aura soin d'utiliser avec avantage les animaux morts à la ferme. Ces animaux, débarrassés de leurs peaux, seront enfouis à une certaine distance des habitations, et recouverts d'une couche de chaux éteinte et de terre. Lorsque leur décomposition sera achevée, il aura soin de trier les os qui se dessécheront et se pulvériseront facilement pour les utiliser comme nous venons de le voir. Quant au terreau formé par leur décomposition, il sera incorporé dans la masse du fumier ou dans les composts.

Sur les champs en jachère les plus rapprochés de la ferme, notre homme se livrera à la production des nitrates.

Suivant les règles que nous avons indiquées, il construira des petits murs avec de la chaux, des cendres, des charrées et du fumier ; il les recouvrira de terre et les arrosera de temps en temps avec des eaux de lessives, du purin, des eaux de savon et même au besoin avec l'eau de la mare, qui est toujours très-chargée de principes azotés.

Enfin, notre homme devra se livrer à la confection des composts. Pour cela il utilisera tous les végétaux inutiles, tous les petits débris animaux possibles, toutes les balayures de granges, de greniers, de cours ; les pailles de colza, les vases de fossés, de la mare, les boues de cours et de chemins.

Toutes ces matières seront disposées par couches avec intelligence. Chaque couche, selon sa nature, sera saupoudrée de chaux éteinte ou de matières terreuses contenant les cendres, les charrées, la suie, qu'il aura pu mettre de côté. Toutes ces matières étant arrosées avec tous les liquides fertilisans disponibles, ne tarderont pas à entrer en fermentation et à se transformer en un terreau fertilisant.

Tel est le travail que nous voudrions voir s'effectuer à la ferme ; c'est le seul moyen de parer à l'insuffisance du fumier.

Par ce moyen, plus de matières fertilisantes perdues; et toutes les matières terreuses apportées des champs, soit qu'on les répande dans les étables, soit qu'on les emploie à la fabrication des composts, seront désagrégées par la fermentation et abandonneront ainsi facilement aux champs sur lesquels on les portera, les éléments de fertilité qu'elles renferment.

Nous engageons ici le praticien à réfléchir aux conseils que nous venons de lui donner. Quoiqu'il soit à craindre qu'à la ferme on se passe encore longtemps de l'homme que nous avons supposé, nous sommes persuadé néanmoins que le salaire donné à celui qui s'occuperait d'un pareil travail, serait largement rémunéré par les résultats productifs obtenus dans la culture ; l'intérieur de la ferme y gagnerait en propreté et en salubrité, et le cultivateur pourrait combler ainsi le déficit annuel de son fumier.

Enfin, en attendant qu'il en puisse être ainsi, nous désirerions voir insérer, et en grosses lettres, sur l'un des murs de la ferme, ces deux grandes vérités :

1° Le champ du laboureur ne peut lui donner de récoltes, qu'à la condition qu'il contiendra les éléments de ces mêmes récoltes ;

2° Quelque fertile que soit le champ du laboureur, cette fertilité ne saurait se maintenir qu'à la condition, qu'après chaque récolte, le laboureur restituera à la terre, sous une forme ou sous une autre, les éléments qui auront été enlevés par ces récoltes.

Par ce moyen, nos populations agricoles actuelles arriveraient sans doute à comprendre et à ne pas oublier ces vérités, et nos générations futures pourraient les apprendre de bonne heure et les perpétuer dans l'avenir.

# CHAPITRE XII.

---

## Assainissement du Sol.

Si le cultivateur veut bien se rappeler aujourd'hui ce que nous avons dit à propos des propriétés physiques des diverses matières qui composent le sol arable, il lui sera facile d'en déduire cette conséquence : « Qu'une des conditions les plus nécessaires et les plus importantes pour la culture, c'est que la terre qu'il veut cultiver se laisse facilement et convenablement pénétrer par les agents atmosphériques : air, eau, chaleur et lumière, qui maintiennent la vie dans toute la nature. » N'est-ce pas, en effet, l'air qui effectue, au sein du sol, toutes les combinaisons qui donneront la vie à nos récoltes ? N'est-ce pas l'air qui facilite la décomposition des fumiers, des engrais, leur fait prendre des formes qui les rendront solubles dans l'eau qui va constituer la sève ou le liquide nourricier de nos plantes? La chaleur et la lumière ne sont-elles pas les agents les plus propres à favoriser toutes ces réactions? Mais malheureusement pour nos cultivateurs, toutes les terres propres à la culture ne possèdent pas, au même degré, la propriété de se laisser pénétrer par les agents atmosphériques, d'une manière convenable.

Ainsi, les sols tourbeux, marécageux ou argileux, retiennent l'eau comme une éponge; alors leur aération est presque nulle. Aussi nous voyons dans ce cas que les engrais ne peuvent s'y décomposer; la sève qui doit nourrir les récoltes est trop aqueuse et n'est pas suffisamment nutritive, pour faciliter leur développement complet. Enfin l'excès d'humidité empêche ces sols de se réchauffer.

Les sols légers, siliceux, présentent des inconvénients d'une autre nature. Ils se dessèchent trop facilement; leur aération trop grande fait que les engrais s'y détruisent trop promptement, et sont en quelque sorte brûlés sans produire tout leur effet. L'eau devenant trop rare, la sève n'est plus suffisante pour servir de véhicule aux matières nutritives. Ces accidents deviennent d'autant plus funestes qu'ils se font surtout sentir pendant les chaleurs de l'été, époque à laquelle les plantes ont le plus besoin d'absorber de l'eau, par leurs racines, afin de réparer facilement les pertes que leur fait éprouver l'évaporation par les feuilles.

Il ne nous suffit pas ici de signaler à l'attention des praticiens ces inconvénients que les praticiens savent si bien reconnaître, nous devons encore indiquer et examiner quels sont les moyens de vaincre et d'aplanir ces difficultés.

Puisqu'on désigne sous le nom de terres saines, celles qui se laissent facilement pénétrer par les agents atmosphériques, et qui peuvent conserver en tout temps une dose d'humidité convenable aux besoins de nos récoltes, toute terre qui ne possède pas cette propriété a donc besoin d'être assainie. Les moyens à employer doivent nécessairement varier, suivant la nature des défauts qu'on veut corriger. Si l'on veut enlever aux terres leur excès d'humidité, on y arrive par un moyen général, qu'on désigne sous le nom d'égouttement du sol, et qui, comme nous allons le voir, se pratique de plusieurs manières. Si, au contraire, on veut s'opposer à leur dessèchement qui les rend brûlantes et arides, on a recours à des arrosements faits en grand, qu'on désigne sous le nom d'irrigations. Nous nous occuperons d'abord de l'égouttement du sol.

### Égouttement du Sol.

Les moyens les plus ordinaires qu'emploient nos cultivateurs pour parer aux inconvénients que présente l'excès d'humidité du sol, sont des labours fréquents qui en faciliteront la dessiccation ; l'usage

des amendements, qui, en rendant le sol plus meuble, produisent le même résultat; la disposition des
labours en petits billons qui dans leur intervalle
laissent autant de petites rigoles où l'excédant d'humidité du sol vient se rendre. Mais il est bien des
cas où ces moyens ne peuvent suffire. On a d'abord
eu recours aux fossés ou tranchées ouvertes à ciel
nu ; en disposant ces tranchées dans le sens de la
pente naturelle du sol, et les faisant aboutir à un
fossé qui conduisait les eaux dans les champs des
voisins, s'ils ne s'y opposaient pas ; dans le cas contraire, à un fossé communal, si cela était possible.
Dans le cas d'empêchement de ces deux moyens, on
établissait, à la partie la plus basse du champ, un
trou d'une certaine profondeur, qui recevait ainsi
l'excédant des eaux du champ que l'on voulait assai-
nir. Mais aujourd'hui, le moyen le plus en faveur
pour faciliter l'égouttement du sol, est le drainage,
expression tirée, du mot anglais, drain, qui signifie
tranchée ou égout.

### Drainage.

La pratique du drainage en agriculture n'est pas
chose nouvelle. Réduite à sa plus grande simplicité,
elle consiste à construire avec diverses matières des
rigoles souterraines, dont le but sera de faciliter
l'égouttement du sol.

Notre but n'est pas de parler, dans tous ses dé-

7.

tails, de la pratique du drainage. Il existe à ce sujet des ouvrages spéciaux faits par des hommes plus compétents que nous sur cette matière. Et nous engageons les propriétaires et les cultivateurs qui auraient besoin de faire du drainage, à les consulter. Notre rôle se bornera donc à donner quelques notions générales et surtout à chercher à faire comprendre comment les terres bien drainées voient leur fertilité s'augmenter, dans une proportion notable.

Lorsque le cultivateur aura reconnu la nécessité de drainer son champ, il en fera faire le nivellement pour se renseigner sur la direction qu'il devra donner au drainage et faire choix des matières qu'il voudra utiliser à cet effet. Quoique les matières employées jusqu'à ce jour pour effectuer ce travail aient varié, puisqu'on a fait des drainages en pierres, en bois, en fascines et en gazons, nous voyons néanmoins qu'on leur préfère, dans les pays où la terre argileuse abonde, des tuyaux en poterie. Bien que ces tuyaux en poterie soient généralement employés aujourd'hui, parce qu'ils paraissent mieux répondre aux trois conditions suivantes : bonne confection, bon marché et durée, nous engagerons néanmoins le cultivateur, qui n'en aurait pas, à utiliser, selon ses ressources, l'une ou l'autre des autres matières. Le drainage sera peut-être moins bien fait, mais mieux vaut encore un terrain mal drainé qu'un terrain qui ne l'est pas du tout.

C'est surtout pendant la belle saison que doivent
s'exécuter les travaux du drainage. Les tuyaux de
poterie qui servent généralement ont une longueur
de 33 centimètres et un diamètre qui varie suivant
la quantité d'eau qu'on veut faire faire écouler.
Lorsqu'on s'est procuré des tuyaux convenables, on
trace sur le sol à drainer la direction qu'on veut leur
donner en les espaçant suivant leur volume et le
degré d'humidité du sol. La moindre distance est
de 5 à 6 mètres, la plus grande de 10 à 12. Pour les
placer ensuite dans le sol, on y ouvre des tranchées
en commençant par la partie la plus basse, afin que
s'il y a de l'eau dans la terre, elle s'écoule au fur et
à mesure. La profondeur des tranchées varie, elle
ne doit pas être moindre de 50 centimètres et ne
doit pas dépasser généralement 1 mètre 50. Un point
essentiel est que ces tuyaux soient bien apposés
bout à bout, qu'ils aient une pente régulière et suffisante pour que l'écoulement de l'eau soit facile.
On arrive à un résultat satisfaisant en leur donnant
une pente de 50 centimètres, par 100 mètres de
tuyaux. Comme il est important que les drains ne se
brisent pas dans quelques-unes de leurs parties,
on a soin d'éviter qu'ils soient trop étendus en les
faisant rendre dans un drain placé transversalement,
dont le diamètre doit être plus considérable et qu'on
désigne sous le nom de drain-collecteur. L'extrémité du dernier drain doit toujours aboutir à un
fossé à ciel ouvert et non comme on l'a fait quelque

fois dans un puisard ou boit-tout, parce que dans
ce dernier cas l'air n'y entre pas librement et l'aération des drains est une condition essentielle pour
qu'ils produisent de bons résultats. Les tuyaux de
drainage ont l'inconvénient de s'obstruer quelquefois, soit par des dépôts calcaires, soit par des dépôts
ferrugineux, des racines d'arbres ou par la présence
d'animaux souterrains qui peuvent s'y introduire.
On arrive à éviter les deux premiers inconvénients
avec des tuyaux bien lisses dans leur intérieur, puis
on les tient fermés quand on juge qu'ils sont pleins ;
le volume d'eau à écouler étant assez considérable,
entraîne les particules minérales calcaires ou ferrugineuses qui pourraient s'y trouver déposées. Pour
éviter qu'ils s'obstruent par les racines des arbres,
il faut avoir soin de les disposer à une certaine distance des allées d'arbres qui pourraient se trouver
rapprochées de leur direction. Ce sont surtout les
racines de frêne, de saule et de marronnier d'Inde
qui produisent ces inconvénients. Enfin, si l'on
craint que les tuyaux de drainage ne viennent à
s'obstruer par la présence des taupes, des rats, des
souris et des crapauds, on peut, entre le dernier et
l'avant-dernier drain, disposer une petite grille mé-
tallique qui s'oppose à l'entrée de ces animaux.

Si le drainage, comme nous aurons occasion de
le démontrer, améliore nos terres, il n'est pas sans
présenter quelques difficultés dans son exécution.
Aussi les cultivateurs et les propriétaires l'ont si

bien compris, que lorsqu'ils veulent faire du drainage, ils ont intérêt à s'adresser à des hommes spéciaux qui, munis des outils nécessaires, ayant l'habitude de pareils travaux, peuvent mieux les exécuter
et à des conditions plus avantageuses. Mais néanmoins il ne faut pas oublier que, quoique le prix
nécessaire pour drainer un hectare de terre puisse
varier beaucoup, il s'élève en moyenne à 275 fr.
par hectare. Avant d'entreprendre un pareil travail,
le cultivateur doit voir que cela mérite réflexion.

### Effets du Drainage.

Voyons maintenant s'il nous sera possible de
faire comprendre les bons effets du drainage et expliquer comment il peut améliorer les terres.

Le drainage satisfait aux conditions suivantes :

1° En détruisant l'excès d'humidité du sol, il
facilite le mouvement de l'air et de l'eau dans la
couche arable ;

2° En enlevant l'excès d'humidité de la couche
arable, il facilite l'échauffement du sol ;

3° En donnant ainsi au sol de nouvelles propriétés, il le rend plus perméable, plus facile à travailler
et en même temps plus productif.

Examinons comment le drainage satisfait à cha-
cune de ces conditions :

1° La terre qui forme la couche arable de nos

champs se compose de particules diverses plus ou
moins poreuses et forment un tout également po-
reux. Mais ces diverses particules, quoique se tou-
chant les unes les autres, n'en laissent pas moins
entre elles une foule de petits vides qui peuvent
communiquer ensemble et forment un système de
conduits d'un diamètre très-petit et variable. Supposons que notre terre soit sèche et qu'elle repose
sur un sol imperméable, que va-t-il arriver si
nous versons dessus de l'eau de manière à la
noyer? L'eau pénétrera dans les pores des particules terreuses et remplira tous les petits vides
que laissent entre elles les particules terreuses
en chassant l'air qui s'y trouvait interposé.
Or, n'oublions pas que l'eau qui entre dans les
pores même des particules de la terre est très-
utile. C'est celle qui constitue la fraîcheur nécessaire à la terre ; l'eau, au contraire, qui remplit les
vides ou les conduits que peuvent laisser entre elles
les particules de la terre, est nuisible. Elle prend la
place de l'air, c'est-à-dire de l'élément le plus indispensable au sol pour qu'il puisse produire. Nous
avons un exemple des faits que nous avançons dans
l'arrosage des pots de fleurs de nos jardiniers. Nous
savons très-bien que si ces pots n'étaient pas munis
d'une ouverture au fond, pour faciliter l'écoulement
de l'excès d'eau qu'on leur apporte par l'arrosage,
les fleurs ou les arbustes qu'ils renferment ne tar-
deraient pas à périr.

Mais si au contraire la terre repose sur un sol perméable, l'eau qui pourra se trouver contenue dans les vides que laissent entre elles les particules terreuses, peut s'écouler. L'air vient alors remplir ces vides, et par sa présence remplir un rôle nécessaire et même indispensable.

Ceci suffira pour bien faire comprendre la différence qui existe entre un sol perméable et un sol imperméable, ou autrement entre un sol drainé et un sol non drainé, puisque la présence des drains rendra le sol perméable et remplira un double but. Il le débarrassera de l'excès d'humidité qui lui est nuisible, et facilitera le mouvement indispensable de l'air dans la couche arable.

2° Comment le drainage facilite-t-il l'échauffement du sol ?

Nos cultivateurs savent très-bien, par ce qui se passe sous leurs yeux, que les phénomènes de la végétation ne s'accomplissent bien que lorsque la couche arable acquiert un certain degré de chaleur ; le bon sens seul leur indique que l'excès d'humidité du sol s'oppose à son échauffement. Mais ce que beaucoup peuvent ignorer, c'est que pendant l'été la couche superficielle de la terre acquiert une température plus élevée que celle de l'atmosphère. Dans ce cas, déjà les pluies qui traversent l'air et qui tombent pendant cette saison, refroidissent le sol ; mais le refroidissement n'est que momentané, si le sol est perméable et si les couches infé-

rieures peuvent absorber cette eau ; mais si le
sol n'est pas perméable, s'il est presque saturé d'humidité, il ne pourra pas se réchauffer. Du reste, il
est encore une autre cause de refroidissement, c'est
l'évaporation qui pourra se faire à la surface.

Tout le monde sait qu'il n'y a pas d'évaporation
sans chaleur, et de même que de l'eau placée sur un
foyer, dans un vase de fonte empêche, en s'évaporant,
que ce vase de fonte acquière une température rouge,
de même l'eau qui s'évapore à la surface de nos
champs prend une partie de sa chaleur à ces champs
pour s'évaporer. Elle en abaisse, par cela même,
continuellement la température et l'empêche ainsi
de s'échauffer. A l'appui de ce que nous avançons,
nous pouvons citer les expériences faites en Angleterre par Josias Parkes. Après avoir constaté que la
température d'un sol tourbeux ne dépassait point
7 degrés 8, à la profondeur de 9 mètres, qu'elle était
encore la même à 30 centimètres, mais qu'à la profondeur de 18 centimètres elle était de 8 degrés 3,
M. Parkes fit alors drainer ce sol et en examina de
nouveau la température. Il constata alors qu'à la
profondeur de 30 centimètres la température variait
entre 9 degrés 4 et 13 degrés 9, et qu'à la profondeur de 18 centimètres la température variait de
10 degrés 4 à 18 degrés 9.

Ces expériences répétées, tant par M. Parkes que
par M. Modden, démontrent de la manière la plus
claire que le drainage augmente la température de

la couche arable, et qu'à la même profondeur, un terrain drainé est en moyenne de 6 degrés plus chaud qu'un terrain non drainé. Nous pouvons donc dire avec certitude que le drainage, en facilitant l'écoulement des eaux, diminue le volume de celles qui s'évaporent, tend à conserver au sol la plus grande partie de sa chaleur et nous explique aussi pourquoi sur les terres drainées l'époque de la récolte est souvent plus précoce.

En donnant au sol de nouvelles propriétés le drainage le rend plus facile à travailler et en même temps plus fertile.

Puisque c'est l'eau qui rend adhérentes les particules de nos sols argileux et tourbeux; puisque c'est l'eau qui fait que ces particules forment un tout solidaire, qui exige une dépense de force beaucoup plus grande pour être remué et divisé; le drainage, en rendant plus facile le passage de l'eau à travers la couche arable, en facilitant l'accès de l'air, a pour conséquence de modifier la nature de nos terres, de manière que celles qui sont froides, compactes, difficiles à travailler, deviennent chaudes, meubles et plus faciles à remuer. Ce que la théorie nous indique ici, les faits pratiques nous le prouvent; car il suffit d'examiner ce qui se passe au bout de quelque temps sur un sol drainé. On ne tarde pas à constater qu'il prend un aspect particulier, on dirait qu'il a été travaillé par les vers. Le passage alternatif de l'air et de l'eau font que les

mottes les plus tenaces se fendillent et s'émiettent,
et les instruments aratoires, charrues et autres,
n'éprouvent pas la même difficulté pour les travailler ; et même lorsque les grandes pluies viennent à
battre ce sol, il ne tarde pas à se nettoyer. Mais
puisque nous voyons que le drainage est un moyen
de dessécher la terre et de la réchauffer, n'a-t-on
pas à redouter que, sous son influence, les terres
drainées n'éprouvent plus promptement et plus profondément que les terres ordinaires les inconvénients de la sécheresse? Non ! ces accidents ne
peuvent se présenter, parce que s'il est vrai que le
drainage ait pour but de débarrasser la couche
arable de son excès d'humidité, cette humidité, en
vertu des phénomènes de capillarité qu'exercent les
petits conduits, que laissent entre elles les particules de la terre, a une tendance continuelle à se
relever. De telle sorte que lorsque la partie supérieure vient à se dessécher, le niveau de l'eau se re-
lève et maintient ainsi dans la couche arable une
certaine fraîcheur qui l'empêche de se dessécher.
Mais n'avons-nous pas à craindre que les fumiers
et les engrais ne soient en quelque sorte lavés
et débarrassés de leurs matières solubles qui seraient entraînées par l'eau des drains. Indépendam-
ment des faits pratiques qui nous démontrent qu'à
fumures égales, les récoltes faites sur les sols drainés, sont plus belles que celles faites sur les sols non
drainés, la théorie nous apprend que les parties

argileuses du sol ont la propriété de condenser et
de retenir, dans la couche arable, aussi bien l'ammoniaque que les principes minéraux salins, qui
peuvent être utiles à nos récoltes.

Résumant en quelques mots les bons effets du
drainage, nous voyons qu'il assainit les terres en
les débarrassant de leur excès d'humidité, en facilitant leur aération ; il les réchauffe, les rend plus
faciles à travailler : le sol alors mieux ameubli, permet aux racines de nos plantes de s'enfoncer plus
profondément, de s'étendre à leur aise dans un
milieu plus grand. Aussi peuvent-elles, comme le
prouvent les résultats suivants, prendre une exten-
sion plus grande. M. Vandercorne a pu constater
que la longueur des racines d'un blé venu sur un
sol non drainé, n'avait que 12 centimètres de
longueur ; tandis qu'après le drainage et un bon
labour, ces racines ont acquis une longueur allant
jusqu'à 33 centimètres. En facilitant l'aération du
sol, le drainage facilite la décomposition des engrais
qui deviennent solubles dans l'eau, et cette eau,
grâce aux phénomènes physiques de capillarité,
s'élève et s'abaisse alternativement. Par ce mouvement de va-et-vient, cette eau offre ainsi sur son
passage les éléments nutritifs aux racines de nos
plantes. Ce sont toutes ces considérations qui nous
permettent de nous rendre un compte facile des
bons effets du drainage, et nous mettent à même
d'expliquer pourquoi, dans les terres drainées, la

végétation est généralement hâtive, belle et abondante.

Enfin le drainage exerce encore une influence qui
mérite d'être signalée, c'est l'amélioration de l'état
sanitaire des contrées où il est pratiqué. Avec
l'excès d'humidité du sol disparaissent les brouillards ; l'air au milieu duquel vivent les populations,
se réchauffe, et ce changement ne peut rester sans
influence sur leur santé. Cela est si vrai, que les
statistiques faites, pendant dix ans, ont prouvé que,
dans quelques localités où le sol n'était pas drainé,
la mortalité s'élevait à 1 sur 31 habitants ; tandis
que dans une même période de dix ans, là où le sol
avait été drainé, la mortalité est descendue à 1
sur 47.

# CHAPITRE XIII.

---

## Irrigations.

L'étude que nous venons de faire peut convaincre le cultivateur que l'excès d'humidité du sol est nuisible au développement des plantes qui forment la base de ses récoltes, et l'expérience lui apprend, d'un autre côté, que la sécheresse du sol n'est pas moins à redouter. Une dose d'humidité convenable est donc nécessaire et indispensable à la végétation. L'eau, en effet, préside à toutes les fonctions de la vie des plantes. C'est elle qui, en gonflant dans le sol la jeune graine, en facilite la germination ; quand celle-ci est accomplie, c'est l'eau qui, pendant toute la durée de la vie végétale, va aider à la décomposition des engrais et servir de véhicule aux matières nutritives que ces engrais fournissent pour les introduire et les faire circuler dans les tissus de nos plantes. Il n'en faut pas davantage pour prouver combien il serait important que tous les champs destinés à la culture pussent conserver en tout temps un degré d'humidité convenable. Mais il n'en est pas ainsi, et beaucoup de sols légers, siliceux, calcaires, principalement pendant les chaleurs de l'été, se trouvent desséchés outre mesure. Les récoltes de ces champs jaunissent et languissent, si elles ne sont pas complètement brûlées par les ardeurs du soleil. Les moyens les plus simples que la pratique ait à sa disposition pour parer un peu à ces inconvénients, sont les roulages qui, en plombant le sol, entassent les différentes molécules de la terre et ont ainsi pour but d'y maintenir de l'humidité et de s'opposer à la sécheresse. Mais ces travaux ne peuvent guère s'exécuter qu'à certaines époques de la végétation. Ils sont, par cela même, insuffisants, et le cultivateur n'a de moyens certains pour combattre la sécheresse du sol, que de pratiquer, quand il le peut, des arrosements faits en grand qu'on désigne sous le nom d'irrigations. Irriguer un champ, une prairie, c'est donc d'abord lui procurer l'eau nécessaire aux besoins de la végétation. Quoi qu'il ne nous soit pas possible de faire ici une étude approfondie des travaux que nécessite une pareille opération, nous allons néanmoins chercher à démontrer que par une irrigation intelligente, non-seulement le cultivateur fournit à son sol l'eau

qui lui est nécessaire, mais que, suivant la nature
des eaux employées, il apporte encore de nouvelles
substances qui agissant, soit comme amendements,
soit comme engrais, viendront en modifier la nature
et le fertiliser. Cela est si vrai que voici comment
s'exprime à ce sujet M. Puvis : « *Nous voyons que
les irrigations, longtemps continuées, modifient la
nature du sol où l'on en applique. Les eaux même les
plus limpides charrient toujours avec elles, pendant
les pluies, des limons précieux et en tout temps des
sols terreux qui, s'infiltrant dans le sol, finissent par
en changer la nature. Aussi, voit-on presque tous
les sols anciennement arrosés acquérir de la fertilité
à côté des terres de même nature qui restent d'une
qualité médiocre.* »

Il n'en faut pas davantage pour nous faire comprendre l'utilité des irrigations. Si nous ajoutons ici
que c'est l'eau qui fait pousser l'herbe, et que faire
pousser de l'herbe, c'est enrichir son pays de viande
et de pain, nous aurons suffisamment engagé nos
cultivateurs à irriguer leurs prairies toutes les fois
qu'ils le pourront.

Puisque irriguer un sol, c'est tout à la fois lui
fournir de l'eau nécessaire et le fertiliser, le premier soin du cultivateur qui veut se livrer à cette
opération est de se renseigner sur la valeur de l'eau
qu'il a à sa disposition ; car les eaux qu'on peut utiliser présentent dans leur composition des diffé-
rences bien grandes, suivant leur origine et la nature

des terrains qu'elles parcourent. Nous allons donc examiner d'abord la nature des eaux qu'on peut employer pour les irrigations et qui sont :

L'eau de pluie ;

L'eau de source ;

L'eau de rivière ;

L'eau de drainage ;

L'eau des forêts et des marais;

L'eau des lieux habités.

1° *Eau de pluie.* — Quoique l'eau de pluie soit relativement la plus pure de toutes les eaux, elle rapporte néanmoins au sol certains principes fertilisants, et le cultivateur ne doit pas ignorer que si son champ s'améliore à l'état de jachère, il le doit bien un peu à l'action des eaux pluviales qui lui rapportent, comme principes fécondants, toutes les matières minérales et organiques qui voltigent dans l'atmosphère, telles que du carbonate d'ammoniaque, du nitrate d'ammoniaque, c'est-à-dire des sels ammoniacaux qui s'élèvent de la surface de la terre ou se forment pendant les pluies d'orages. Mais l'eau de pluie ne peut guère être utilisée comme moyen d'irrigation que dans les localités où des dispositions naturelles du terrain peuvent permettre d'établir à peu de frais des réservoirs, comme par exemple dans les ravins ou entre deux montagnes.

2° *Eaux de source.* — Puisque la valeur fertilisante des eaux qu'on peut employer aux irrigations varie

avec la nature des substances minérales qu'elles
tiennent en dissolution, on comprendra facilement
que les eaux de source auront des valeurs bien
différentes suivant les matières minérales, souterraines, avec lesquelles elles seront en contact. Les
eaux qui prennent naissance dans des terrains granitiques, terrains qui sont formés de silice et qui
contiennent de la potasse ou de la soude, sont très-
fertilisantes. L'expérience est là pour nous démontrer
que ces eaux conviennent avant tout à l'irrigation
des prairies à base de graminées. Cela ne saurait
nous surprendre, puisque ces eaux contenant des
silicates de potasse ou de soude, renferment précisément à l'état soluble cette silice si nécessaire à la
formation des tiges de nos graminées.

3° *Eaux calcaires.* — Les eaux qui prennent naissance dans les terrains calcaires contiennent en dissolution du carbonate de chaux ou du sulfate de
chaux ; elles conviennent parfaitement à l'irrigation
des prairies artificielles qui, comme nous le savons,
sont très-avides de calcaire. Quant aux eaux qui
viennent des terrains ferrugineux ou qui les traversent, elles sont plus nuisibles qu'utiles ; car elles
laissent, par le repos, un dépôt jaunâtre, ocracé
d'oxide de fer, qui, en se déposant sur les feuilles
des plantes, peut nuire aux fonctions de ces feuilles.
Il est pour le praticien quelques indices qui peuvent
le guider sur la valeur d'une eau de source. Toutes

8

les fois que dans le lit de la source croît naturellement du cresson, ou qu'on y rencontre des écre-
visses, on peut généralement la considérer comme
propre aux irrigations. Il n'en est pas ainsi si l'eau
laisse sur un fond ou sur les bords un dépôt jaunâtre ou si sa surface est luisante comme si l'on y
avait versé de l'huile.

4° *Eaux de rivière.* — Ce sont les eaux de rivière
ou des cours d'eau qui servent le plus généralement
aux irrigations. La composition de ces eaux peut
varier à l'infini, suivant la nature des terrains
qu'elles parcourent; et il arrive que souvent en
dehors des matières qu'elles tiennent en dissolution, elles charrient, surtout dans les grandes eaux,
des matières minérales et organiques qui peuvent
avoir des propriétés très-fertilisantes. L'Egypte
nous offre un exemple frappant de cette vérité, car
ses plaines doivent leur fertilité au limon qu'y dépose annuellement le Nil dans ses débordements.
Sans aller si loin, nous savons tous que le limon
que dépose sur ses bords la Loire dans les
grandes crues et qu'on désigne sous le nom de
*lâche,* s'il ne peut être considéré comme un bon engrais, n'est pas moins un amendement utile, puisqu'il est employé comme tel par nos maraîchers.

5° *Eaux de drainage.* — Les eaux qui proviennent
du drainage offrent à nos cultivateurs un moyen
simple et facile d'irriguer leurs prairies. Et si nous

ne voyons pas les praticiens les utiliser plus souvent, surtout lorsque leurs terres se trouvent à la portée des eaux de drainage des champs supérieurs, c'est que probablement ils ignorent que ces eaux contiennent un principe très-fertilisant azoté, le *nitrate d'ammoniaque*. D'où vient donc ce principe, puisque nous avons vu que les eaux de drainage n'enlevaient rien aux fumures? Il se forme par le mouvement de l'air dans l'épaisseur de la couche du sol drainé, et c'est l'azote de l'air qui se nitrifie en traversant la couche arable.

6° *Eaux des forêts et des marais.* — Les eaux qui sortent des forêts ou qui nous viennent des marais, ou qui s'égouttent des sols tourbeux, sont peu propres à arroser nos prairies. Elles contiennent généralement un principe acide nuisible à la végétation, qu'elles doivent au tannin des feuilles ou des débris végétaux. Le cultivateur prudent devra donc se défier de l'emploi de toutes ces eaux et même de celles qui sortent d'un certain nombre de nos usines; toutefois s'il n'en avait pas d'autres à sa disposition, il pourrait toujours en améliorer la qualité en les faisant passer sur de la marne ou de la chaux, ou bien en mettant dans le réservoir, où il les recevra, quelques tombereaux de marne.

7° *Eaux des habitations.* —De toutes les eaux, les meilleures pour arroser nos prairies, ce sont les eaux des habitations, des cours de ferme, des mares, celles qui descendent des coteaux en pleine culture, celles qui proviennent des ruisseaux de nos villes et de nos villages. La quantité de matières minérales et organiques que contiennent ces eaux en font presque de véritables engrais liquides, qui, en fournissant au sol l'humidité qui lui est nécessaire, peuvent aussi le fertiliser d'une manière convenable.

Il ne suffit pas ici d'indiquer quelles sont les eaux qui peuvent servir aux irrigations, il faut indiquer au cultivateur des moyens simples et à sa portée, à l'aide desquels il pourra reconnaître la qualité de ces eaux.

On distingue facilement si une eau limpide est calcaire, en y versant quelques gouttes d'une dissolution de sel d'oseille. Si l'eau devient blanche, laiteuse, cette eau est calcaire. Cette simple opération nous indique bien que notre eau est calcaire; mais comme on entend par eau calcaire toute eau qui contient en dissolution un sel de chaux, et que ce sel peut être tantôt du carbonate de chaux, tantôt du sulfate de chaux ou plâtre, on peut avoir intérêt à savoir quelle est la nature du sel calcaire auquel on a affaire. On s'assurera que l'eau contient du carbonate de chaux en la faisant tout simplement bouillir. Si elle se trouble, on en conclura que l'eau est calcaire, parce qu'elle contient du carbonate de chaux.

Si, au contraire, notre eau est calcaire, parce

qu'elle contient du plâtre, d'abord elle cuira difficilement les légumes, puis en mettant dans un verre 2 décilitres de cette eau et un décilitre d'alcool, remuant le tout et couvrant le verre, s'il y a du plâtre, notre eau, au bout de quelque temps, perdra sa limpidité, phénomène dû au plâtre qui est précipité par la présence de l'alcool.

Lorsque le cultivateur voudra s'assurer si une eau renferme des silicates alcalins de potasse ou de soude, il lui suffira d'en prendre 2 litres, de les faire évaporer lentement, de manière à ce qu'il n'en reste que quelques cuillerées, et d'y verser un peu de jus de violette ou une infusion bleue de cette fleur. Si l'eau prend une couleur verdâtre, il pourra être certain que cette eau contient des silicates de potasse et de soude.

On s'assure qu'une eau est acide en la faisant évaporer de la même manière et en y ajoutant aussi du jus de violette ou une infusion de la même plante. Si l'eau devient rouge ou rosée, on peut être certain que l'eau est acide, et par cela même impropre aux irrigations, à moins qu'on ne la mette en contact avec du calcaire.

Quand l'on veut savoir si une eau contient des matières organiques, on la fait évaporer avec soin jusqu'à siccité. Si le résidu est noirâtre, et qu'en le chauffant, il répande une odeur de tourbe ou de corne brûlée, on pourra être certain qu'il contient des matières organiques. Renseignés sur la valeur et sur les moyens simples qu'on peut employer pour reconnaître la nature des eaux qu'on peut employer pour les irrigations, cherchons à indiquer au praticien les cultures auxquelles elles conviennent le mieux.

### Cultures auxquelles conviennent les irrigations.

Puisque nous avons dit tout-à-l'heure que c'est l'eau qui fait l'herbe, les irrigations doivent surtout convenir aux cultures qui nous donnent l'herbage, c'est-à-dire aux prés naturels ou aux prairies artificielles. On ne doit donc les utiliser qu'exceptionnellement sur toutes les cultures à grains, céréales, légumineuses et oléagineuses.

Un excès d'humidité aurait l'inconvénient, sur ces cultures, de développer inutilement leurs feuilles au détriment du volume et de la qualité de leurs grains. Il n'y a guère que dans les climats chauds, comme par exemple, dans le midi de la France, que les cultures à grain réclament les bénéfices de l'irrigation.

### Influence de l'irrigation sur les différents sols.

Recherchons maintenant quelles sont les natures de sol qui profiteront le mieux de l'irrigation. Si en principe il n'est aucune espèce de terre qui, lorsqu'elle vient à se dessécher, ne puisse profiter des avantages de l'irrigation, nous voyons pourtant qu'elle peut leur être plus ou moins favorable. Les sols qui s'en trouvent le mieux sont ceux qui sont très-perméables et se dessèchent très-facilement, tels que les sols sableux, les sols calcaires ; mais les sols compactes et argileux, s'en trouvent moins bien. La nature du sous-sol doit être aussi prise en considération, car l'irrigation sera bien plus profitable à un sol argileux reposant sur une couche perméable, qu'à un sol siliceux reposant sur une couche imperméable.

*Sols sableux.* — Quoique le sable soit stérile par lui-même, l'expérience nous prouve qu'en lui donnant une humidité convenable, on peut néanmoins y créer des pâturages. Si le sable est un peu argileux et présente un peu de consistance, on ne doit pas hésiter à l'irriguer quand on le peut, mais si le sable est tellement pur qu'on y enfonce, on y fait une forte irrigation, puis on le laisse reposer quelque temps et on le gazonne. Les eaux qui conviennent le mieux aux terres sableuses sont les eaux qui peuvent charrier un limon calcaire ou argileux, qui contribuera puissamment à rendre ces terres plus compactes, et par cela même à les améliorer.

*Sols glaiseux.* — Les sols glaiseux sont ceux qui retiennent le plus facilement l'humidité, et par cela même, ils se ressentent moins des mauvais effets de la sécheresse. En outre, ils conviennent peu au développement des prés ou des prairies, parce que leurs racines ont beaucoup de peine à les pénétrer. Lorsqu'on croira nécessaire de les irriguer, on pourra se servir de toute espèce d'eaux ; mais celles qui leur conviendront le mieux, seront les eaux de sources et de rivières. Sur ces sols, les irrigations doivent être de courte durée et faites seulement de temps en temps.

*Sols calcaires.* — Ces sols, qui conviennent par leur nature très-bien aux prés et aux prairies, sont souvent exposés à souffrir de la sécheresse, et par cela même se trouvent très-bien des irrigations qui doivent être peu abondantes, mais souvent répétées. Toutes les eaux peuvent leur convenir, mais on devra préférer les eaux de sources.

*Sols tourbeux et marécageux.* — Quant aux prés qui se trouvent sur ces terres, s'ils viennent à se dessécher, on devra, si on le peut, les irriguer avec des eaux chargées de vase sableuse.

Maintenant nous nous bornerons à donner quelques principes généraux sur la pratique des irrigations qui, indispensables dans le midi de la France, sont moins nécessaires dans le centre, et plus nuisibles qu'utiles dans le nord.

La première des conditions, lorsqu'on voudra faire de l'irrigation, c'est d'avoir la propriété ou la jouissance d'un cours d'eau, d'un étang ou d'un lac;

puis on se livrera à des travaux qui auront pour but
de faire arriver l'eau jusqu'au terrain à arroser. Ces
travaux, qui peuvent se compliquer suivant les dispositions variables des terrains, consistent, en général, en un certain nombre de fossés qui reçoivent
différents noms, suivant le rôle qu'ils remplissent.
Ainsi on a :

    1° Le canal de dérivation ;
    2° Le canal de répartition ;
    3° Les rigoles d'introduction ;
    4° Les rigoles d'irrigation ;
    5° Les fossés d'écoulement ;
    6° Le canal de dessèchement.

Le canal de dérivation c'est celui qui reçoit directement l'eau du cours d'eau où on peut la prendre.

Le canal de répartition est alimenté par le cours
de dérivation. Son but est de répartir l'eau sur la
surface à irriguer ; il doit naturellement être un peu
plus bas que le canal de dérivation.

Les rigoles d'introduction ont pour but de recevoir l'eau du canal de répartition et de la distribuer
aux rigoles d'irrigation. Ces dernières, répandant
directement l'eau sur les champs à irriguer, doivent
être établies avec beaucoup de soin ; c'est d'elles
que dépend le succès des irrigations. Les fossés
d'écoulement reçoivent l'excédant de l'eau qui a
servi aux irrigations pour la conduire au canal de
dessèchement. Tels sont les dispositions ordinaires

8.

qu'on doit faire exécuter lorsqu'on veut pratiquer les irrigations.

Voyons maintenant comment l'eau se distribue sur les champs.

### Distribution de l'eau.

L'eau est répartie sur les champs de deux manières différentes : par irrigation simple ou par submersion ou inondation.

Dans l'arrosement des champs par simple irrigation, le pré doit être en pente; l'eau qui arrive par la partie supérieure s'écoule à sa surface en couches très-minces et n'est jamais stagnante. La pente du terrain a pour but d'en faciliter l'écoulement régulier. Ce mode d'arrosement n'ayant pas d'autre but que de fournir au sol l'humidité nécessaire, on doit choisir le moment où les eaux sont limpides.

Cette opération, que l'on peut répéter lorsque le besoin s'en fait sentir, convient surtout aux terrains calcaires.

L'arrosement par submersion ou inondation consiste à couvrir le terrain, dans toute son étendue, d'une couche d'eau plus ou moins élevée et qu'on y laisse séjourner un temps plus ou moins long. Dans ce cas, il est important que les champs aient une surface horizontale et qu'ils n'offrent pas de trous ou de bas-fonds, où l'eau pourrait croupir. Dans cette opération, on n'a plus besoin de rigoles d'introduction et d'irrigation ; seulement le champ doit être muni sur trois de ses côtés de petites digues, pour y maintenir l'eau. Ce mode d'irrigation convient parfaitement aux sols siliceux, et pour le pratiquer on choisit, si cela est possible, le moment où l'eau de la rivière est limoneuse.

Quant aux époques les plus favorables aux irrigations, il faut distinguer le but qu'on se propose. Si les irrigations n'ont pour but que de faciliter la végétation, en parant aux inconvénients de la sécheresse, c'est surtout pendant les chaleurs de l'été que cette opération doit être exécutée, soit le matin ou le soir, parce que l'eau fraîche répandue sur les plantes pendant la chaleur du jour, leur fait éprouver une transition trop brusque qui compromet leur vigueur.

L'eau que l'on emploie dans ce cas doit être claire, car si elle était limoneuse, elle déposerait sur les plantes des matières terreuses, qui rendraient les fourrages peu convenables à la nutrition du bétail.

Si, au contraire, on se propose d'améliorer un sol sableux, de lui donner un peu de tenacité en l'enrichissant de principes fertilisants, on choisira une autre époque, celle où les eaux seront limoneuses, afin qu'elles puissent déposer sur le sol leur limon.

Quant à la quantité d'eau à répandre par hectare, il est très-difficile de la déterminer d'une manière exacte. En Allemagne, on considère le chiffre de

262 mètres cubes d'eau par vingt-quatre heures, comme convenable. Dans les Vosges, environ 246 mètres cubes. Puvis s'est arrêté à une moyenne de 150 mètres cubes par jour, en faisant observer que ces chiffres peuvent être doublés sans inconvénient. Ces chiffres paraissent considérables, surtout lorsqu'on pense que certaines prairies qui sont uniquement arrosées par l'eau des pluies donnent de bonnes récoltes, tout en ne recevant dans le cours de l'année qu'une quantité d'eau beaucoup moindre. Mais nous devons tenir compte de ce que la manière dont l'eau de pluie est mise en contact avec le sol, ne saurait être comparée à la manière dont elle est répandue par les irrigations.

Quelque incomplète que soit l'étude que nous venons de faire, elle n'en démontre pas moins que les irrigations, partout où elles seront nécessaires et praticables, auront pour but d'améliorer nos champs et de faciliter le développement des prés et des prairies artificielles. Tout en avouant que les irrigations sont moins nécessaires dans nos contrées que dans le midi de la France, elles seraient parfois en Beauce de la plus grande utilité ; mais puisque les cours d'eau y manquent presque complètement, les irrigations n'y deviendront possible que dans le cas d'ouverture de canaux qui traverseraient cette localité. Mais les cours d'eau ne manquent pas en Sologne, et il semble qu'il serait facile de les utiliser, pour transformer, en herbages, certains sols sableux

de cette localité. Toutefois, avant d'entreprendre de
pareils travaux, nous engagerons les propriétaires
et les cultivateurs à consulter les ouvrages d'hommes
spéciaux, tels que Schwerz, Villeroy et autres. Ils
trouveront là tous les renseignements nécessaires,
pour utiliser avec intelligence ce moyen d'améliorer
les terres légères, de faire pousser de l'herbe et
d'enrichir leur pays de viande et de pain.

# CHAPITRE XIV.

## Défrichements.

### CONSIDÉRATIONS GÉNÉRALES.

On entend par défrichement, dans l'acception la plus étendue de ce mot, la mise en culture ordinaire, des bois, des prés naturels et des vastes terrains recouverts de bruyère, etc., qu'on désigne sous le nom de *Landes*.

Nous nous bornerons à émettre quelques considérations sur ces landes et à examiner les moyens de les mettre en culture ; parce que ce sont les questions qui intéressent le plus les propriétaires et les cultivateurs de nos contrées.

Mais avant de commencer cette étude, nous tâcherons de démontrer que les premiers hommes qui se sont occupés d'agriculture, ont été obligés d'être défricheurs ; cela nous donnera l'occasion de jeter un coup-d'œil rapide sur les différents systèmes de cultures qui se sont succédé jusqu'à nos jours et qui souvent confondus ensemble restent encore dans la pratique.

En considérant avec attention les phénomènes naturels qui s'accomplissent sous ses yeux, le cultivateur verra bien vite que sa jachère ou que son champ, lorsqu'ils sont abandonnés à eux-mêmes, finissent avec le temps par se recouvrir complètement de plantes qui ne ressemblent généralement pas à celles qui font la base de ses cultures. Quoique différentes, suivant la nature des sols qui les produisent, ces plantes n'en forment pas moins des pâturages naturels, ayant une valeur nutritive quelconque et pouvant, par cela même, servir à l'alimentation du bétail.

Les nombreuses bruyères de la Sologne nous offrent un grand exemple de cette végétation naturelle ; et quoiqu'on ne puisse pas les considérer comme de riches pâturages, ils n'en sont pas moins des pâturage naturels, servant à l'alimentation du bétail de ces contrées.

On aurait donc tort de croire que ces landes ne produisent rien ; car en supposant que le pâturage fait par le bétail, sur un hectare de landes, ne représente en valeur nutritive, que 500 kilos de foin sec, cette valeur nutritive transformée en viande et en laine, n'en est pas moins un petit produit pour le cultivateur Solonais.

Mais cette végétation, que nous voyons se faire tous les jours et sous nos yeux, devait exister à l'origine des choses, et nous voyons, par ce que nous venons de dire, que, dans le principe, la terre abandonnée aux lois naturelles était déjà pour le cultivateur d'un petit produit. Elle formait alors un système de culture qu'on désigne sous le nom de *culture pastorale*. Ce système, qui tend de plus en plus à disparaître, n'existe guère aujourd'hui que dans les contrées à terres pauvres, à climats froids, à pentes rapides et à population peu nombreuse. Il nous sera facile de démontrer, en quelques mots, comment cette pauvre culture a fait place avec le temps à ces riches pâturages, à ces brillantes moissons, qui tout en donnant de nombreux produits à nos cultivateurs créent du travail aux habitants de nos campagnes, alimentent les populations de nos villes et procurent ainsi partout du travail et du bienêtre.

Ces pâturages, que donne la terre abandonnée à elle-même, se sont d'abord améliorés avec le temps.

Les nombreux végétaux qui les composaient, en périssant annuellement, en se décomposant sur place, ont fini par recouvrir la terre d'une foule de débris fertilisants, empruntés à l'atmosphère ; et nous avons encore de cette vérité la preuve la plus éclatante par l'humus accumulé sur les landes de la Sologne, qui représente de nos jours une fertilité naturelle acquise par de longues années et qui en fait presque toute la valeur. Nous en avons encore la preuve par la fertilité du défrichement des prairies artificielles.

Mais lorsque l'homme a voulu sortir du système pastoral pour demander à la terre un plus grand tribut, ou en obtenir une culture qui lui soit plus avantageuse, il lui a fallu nécessairement défricher ces pâturages naturels, remuer la terre avec la bêche, la pioche ou la charrue et l'ensemencer de graines ou de plantes qui pouvaient convenir à la nature de son sol. Pour obtenir plus de produits de la terre que n'en peut fournir la végétation primitive, l'homme a besoin de joindre aux forces naturelles le travail et les forces mécaniques. C'est alors qu'apparaissent en agriculture le *système arable intermittent*, et le *système arable continu*. En pratiquant ces deux systèmes, la nécessité des engrais et des assolements n'est pas encore de rigueur ; mais aussi la production des grains ou des récoltes ne peut se continuer longtemps.

Dans les deux cas, les pâturages naturels défrichés et ensemencés , en grains de vente , ne tardent pas à épuiser le sol des matières fertilisantes disponibles, que le temps et la végétation spontanée y avaient accumulées. Il faut alors au bout de quelques années, dans le premier cas, laisser le champ revenir à sa végétation naturelle, se tranformer de nouveau en pâturages, ou bien, dans le second cas, laisser ces champs épuisés en jachère

qu'on labourera pendant plusieurs années afin de
donner au temps et aux agents physiques de la nature les moyens de mettre à la disposition de nos
récoltes de nouveaux éléments de production. Par
l'un ou l'autre de ces systèmes, nous voyons qu'il
faut laisser la terre en repos, pendant quelque
temps, afin qu'elle puisse reprendre un certain
état de fertilité. Tout en constatant ici l'amélioration qu'apporte à la culture le travail de l'homme,
ne voyons-nous pas que nos populations augmen-
tant, la terre, pour satisfaire à leurs besoins, était
encore trop lente à produire! Or, pour produire
davantage, il fallait faire intervenir de nouvelles
forces que nous appellerons *forces physiques* et *chimiques*. Ce sont les engrais qui rapportent au sol
les éléments enlevés par les récoltes, qui en maintiennent ainsi la fertilité; ce sont les amendements
qui, mobilisant le sol, font qu'il est plus facile à travailler et permettent aux agents atmosphériques de
mieux le vivifier et de le rendre plus productif. C'est
à l'aide de ces agents que notre agriculture a pu
établir ses assolements, ses cultures de plantes fourragères et améliorantes et même ses jachères productives : en un mot, produire annuellement à la
ferme des grains de vente et toute espèce de récoltes.

Tels sont les différents systèmes de cultures que
nous voyons appliquer, suivant les localités, suivant
la nature des sols et qui presque toujours aujour-

d'hui viennent se confondre dans la pratique, sous le nom de *systeme pastoral mixte*, *et culture extensive*, par opposition aux autres systèmes de culture moins générale qu'on appelle *intensive* et qui ne peut être mise en pratique que dans les localités où la terre est très-fertile et a une grande valeur.

Dans l'état actuel de l'agriculture, quel est le meilleur de ces systèmes? A part le système pastoral proprement dit, qui est réservé aux contrées malheureuses et qui grâce aux progrès croissants de notre agriculture tend à disparaître, les autres sont généralement bons et dépendent essentiellement de la valeur naturelle du sol et plus encore du capital d'exploitation que possède le cultivateur.

N'oublions pas que le véritable but d'un cultivateur n'est pas de chercher à atteindre les formes culturales les plus avancées, mais bien d'utiliser, avec le plus d'intelligence, les forces et les moyens dont il pourra disposer.

Si l'engrais lui coûte trop cher, qu'il adopte le système de culture par le travail; si le système du travail lui est trop onéreux, qu'il le diminue le plus possible et qu'il ne s'attache qu'à créer de bons pâturages qui lui permettront l'élève du bétail. Si, dans ce cas, il n'obtient que peu de grains de vente, il aura encore pour ressource les produits du bétail, qui pourront lui offrir des bénéfices.

C'est donc avec raison que l'honorable M. Moll

nous dit : *L'erreur qui a le plus pesé, sur les desti-*
*nées de notre agriculture, a été de croire que la meil-*
*leure culture consiste uniquement à obtenir la plus*
*grande quantité possible de produits bruts, sur une*
*étendue donnée de terre, et de considérer, comme*
*essentiellement mauvaise, l'agriculture qui ne tire*
*de la terre qu'un produit brut minime. Peu im-*
*porte que la dépense eût été encore plus minime!*

Le cultivateur doit se persuader, au contraire,
que peu importe la nature des produits de sa culture : que ce soient des bois, des pâturages, des
grains de vente ou des plantes industrielles, la
meilleure agriculture est celle qui tire du sol le plus
de bénéfices pour cent de son capital, engagé dans
l'exploitation agricole.

Pour mieux faire comprendre ici notre pensée,
nous supposons deux cultivateurs appliquant chacun à 10 hectares la terre de même valeur, un système de culture différent. Supposons que pour faire
valoir ces 10 hectares de terre, le premier ait à sa
disposition un capital de 5,000 fr., et que l'autre
possède, pour le même cas, un capital de 10,000 fr.;
supposons que, défalcation faite de tous les frais
qu'auront exigés ces différentes cultures, la fertilité
de ces 10 hectares restant dans le même état, le
premier ait réalisé avec son capital de 5,000 francs
un bénéfice annuel net de 500 francs, tandis que
l'autre avec un capitable double n'ait réalisé qu'un
bénéfice net de 800 francs ; quelle que soit la na-

ture des produits obtenus, ne voyons nous pas que
la meilleure culture sera celle qui aura fourni au
cultivateur 500 francs de bénéfices sur ces 10 hectares? Son capital lui aura produit un revenu net
de 10 p. °/₀, tandis que l'autre avec un capital
double n'aura obtenu que 8 p. °/₀ de son capital
employé.

Quelles que soient donc la nature et la beauté des
produits que nous pouvons tirer du sol, si définiti-
vement nous n'en obtenons pas le maximum de revenu net, tout en améliorant notre terre, nous ne
ferons pas de bonne agriculture. Peu importe quel
système de cultures nous suivrons, nous serons toujours dans le bon et dans le vrai si nous obtenons
ce double résultat.

Avant d'aborder l'étude des défrichements, il
était nécessaire d'appeler toute l'attention du praticien sur ces considérations qui devront guider le
défricheur dans le choix du mode de culture qu'il
croira opportun de développer sur ses terres défrichées. En outre nous avons démontré que les premiers hommes qui se sont livrés à la culture ont
été naturellement défricheurs.

Occupons-nous maintenant de cette matière.

### Défrichements.

S'il n'est pas en agriculture de question plus intéressante que celle des défrichements, il n'en est

guère qui présente autant de difficulté et qui exige
autant de prudence de la part des praticiens. Si le
défrichement des prés naturels et artificiels n'offre
pas au cultivateur d'obstacles, mais bien au contraire leur donne des avantages, n'oublions pas que
c'est parce qu'ils reposent sur un sol qui par sa
composition répond aux besoins de toutes nos cultures.

Mais il n'en est plus de même lorsqu'il s'agit du
défrichement de ces nombreuses landes couvertes
de bruyères. Ici le sol n'est plus conforme aux besoins de nos cultures usuelles. Il manque de calcaire, c'est-à-dire de cet élément si nécessaire aux
céréales, au blé et aux plantes fourragères, sainfoin
et luzerne. L'absence du calcaire crée d'abord une
grande difficulté au cultivateur qui veut entrer
franchement et largement dans la voie du défrichement. Mais ce n'est pas le seul obstacle ! Le défricheur a encore bien d'autres difficultés à surmonter.
Pour lui tout est à faire, constructions de toute nature, chemins à tracer, classement des pièces de
terre, assolement, moyens d'assainissement ; tantôt
du drainage, quelquefois des irrigations, si cela est
possible, ou le plus ordinairement de simples rigoles
d'écoulement, enfin apport d'engrais nouveaux et
spéciaux.

Voici, du reste, au sujet des défrichements, comment s'exprime l'honorable M. Rieffel qui a dirigé
dans la Loire-Inférieure les défrichements de 4 à

500 hectares de landes et pâtures formant ce qu'on désigne aujourd'hui sous le nom de *domaine de Grand-Jouan* : « Le champ où va lutter le défri- « cheur est vaste et glorieux, mais il renferme plus « de périls que de gloire. La science découvrira « chaque jour quelque nouveau moyen de fécondité « pour la terre des landes, mais la difficulté n'est « pas seulement là : la difficulté est partout à la « fois dans le sol dur d'abord à défricher, puis « infécond ; dans l'air où l'on est sans abri ; dans » l'eau qui surabonde l'hiver et manque l'été ; dans « les populations dont l'appui est faible; dans la lan- « gue quelquefois et dans des habitudes que l'on « ne comprend pas ; dans les débouchés et voies de « communications qui sont difficiles; dans la famille « même à qui cette existence de pionnier est peut- « être pénible ; en soi-même enfin quand on ne « connaît pas encore la difficulté de la lutte. »

En mettant sous les yeux du cultivateur les appréciations peu rassurantes de l'honorable défri- cheur de Grand-Jouan, nous n'avons pas la moindre intention d'inspirer du dégoût pour les défriche- ments. Notre conviction, au contraire, est que les terres de landes ont de l'avenir, et que par une cul- ture intelligente, raisonnée, leur valeur doit néces- sairement s'accroître.

Ce qui se passe sous nos yeux depuis une quin- zaine d'années en Sologne est de nature à nous ras- surer complètement. Si, dans la quantité des défri-

chements qui se sont effectués depuis lors, nous
avons quelques exemples de laborieux défricheurs
qui se sont ruinés, c'est que dans une pareille entreprise il faut, avant tout, avoir de la prudence et
aussi de la persévérance. Et nous sommes persuadé
que si on connaissait l'histoire de tous nos défricheurs malheureux, on arriverait à voir qu'ils se
sont trop pressés, ou que, complètement ignorants
des règles de l'économie agricole, ils ne se sont pas
rendu un compte exact des avances considérables
qu'exige chaque hectare de défrichements avant de
pouvoir donner des produits rémunérateurs. L'anec-
dote suivante que nous avons trouvée dans les écrits
d'un défricheur distingué, va nous fournir la preuve
de ce que nous avançons. Un ancien marchand qui
était parvenu dans un âge peu avancé à réunir un
capital de 80,000 fr., voulut se retirer des affaires
et se faire défricheur. Ne possédant aucune con-
naissance en agriculture, il achète pour 35,000 fr.,
260 hectares de landes. Il commence par bâtir un
logement de 20,000 fr. pour s'y installer lui et sa
famille, et il abandonne le défrichement à ses do-
mestiques. Quelques années suffirent pour absorber
les 25,000 fr. qui lui restaient; il fut alors obligé de
recourir aux emprunts, qui ne tardèrent pas à le
ruiner complètement, et sa propriété fut ven-
due 52,000 fr. Notre homme avait supposé probablement qu'il n'était pas plus difficile pour lui de
défricher que de vendre de la marchandise dans un

magasin et qu'il lui suffisait de renverser la lande pour avoir immédiatement de beaux revenus. Mais il n'en est pas ainsi ; pour mettre en valeur un domaine couvert de landes, il faut savoir attendre quelques années et faire au sol des avances assez considérables.

Pour réussir dans un défrichement d'une certaine étendue, deux voies sont en présence : l'une qui mène rapidement au but que l'on veut atteindre, la seconde qui y conduit plus lentement. Le défricheur a donc à choisir; mais ce qu'il ne devra point oublier, c'est que la voie qui mène vite au but est souvent périlleuse. Elle exige des connaissances pratiques approfondies, de grands capitaux disponibles et de plus la facilité de pouvoir attendre l'intérêt de son argent.

La seconde voie est moins dangereuse, demande moins de capitaux, mais un temps plus long. Quoique le choix de l'une ou l'autre voie dépende beaucoup des capitaux disponibles, nous croyons agir avec prudence en conseillant au cultivateur de suivre la seconde voie, qui lui présentera toujours plus de sécurité.

Il est aussi important que l'homme, qui veut se livrer aux défrichements, comprenne bien la nature du sol et du sous-sol des landes qu'il va défricher. Quoique très-variable, le sol des landes peut cependant, dans l'ouest de la France, être divisé en deux parties : l'une, et c'est la plus vaste, est une

9

terre silico-argileuse dépourvue de calcaire ; l'autre,
silico-argileuse, est calcaire ; ces deux types reposent sur un sol imperméable. Dans la région landaise de la Touraine et du Poitou, le sous-sol est
souvent calcaire, et nous comprendrons de suite les
avantages que peut offrir au cultivateur un pareil
sous-sol, lorsqu'il veut effectuer le défrichement de
semblables landes. Mais la région landaise de la
Sologne est moins heureusement partagée : son sol,
quoique très-variable, est formé par un mélange
d'argile, de sable et de cailloux roulés. Son sous-sol,
très-variable aussi, est formé tantôt d'une couche
d'argile imperméable, tantôt de graviers, de petits
cailloux roulés, de sable rouge ferrugineux ; les plus
mauvais sous-sols sont ceux où l'on rencontre des
*poudingues*, espèce de conglomérat, formé de petits
cailloux, de graviers empâtés dans un ciment ferrugineux. Ces poudingues servent quelquefois pour
les constructions. Ni le sol, ni le sous-sol de la
Sologne ne contiennent de calcaire. Pourtant, fort
heureusement, de loin en loin existent des mar-
nières qu'on exploite et qui sont une providence
pour les défrichements des contrées où elles se
trouvent.

Pour fournir au défricheur le moyen d'apprécier
le sol sur lequel reposent les landes, M. Moll nous
a donné la division suivante :

Landes jaunes ou bonnes ;

Landes vertes ou blanches, médiocres ;
Landes noires, mauvaises.

Les landes jaunes sont les meilleures ; les défricheurs les reconnaîtront par l'abondance des ajoncs et la belle venue de la bruyère à balais. La présence de l'asphodèle blanc, la ronce commune, la spirée-filipendule, du rosier-pimprenelle et d'une foule de petites graminées.

Les landes blanches ou vertes sont des landes de moyenne qualité; les plantes qui y dominent sont la bruyère à balais, un peu de bruyère vagabonde et de bruyère des marais, l'ajonc de Provence et la mélique bleuâtre.

Les landes noires ou maigres sont celles qui sont les plus mauvaises; elles reposent généralement sur un sol stérile ; leur végétation se compose de bruyère commune, de bruyère cilice, de bruyère cendrée, de petits ajoncs. Les places les plus stériles sont recouvertes de laiches ou de lichens.

Telle est la classification donnée par M. Moll pour renseigner le défricheur sur la nature du sol des landes.

Pour renseigner le praticien sur la nature des terres de landes de la Sologne, nous ne nous éloignerons pas de la vérité en les classant ainsi :

1° Landes reposant sur un sol argilo-siliceux ;
2° Landes reposant sur un sol silico-argileux ;
3° Landes reposant sur un sol siliceux.

Les landes de la première catégorie, où domine l'argile, sont les meilleures ; lorsqu'elles auront été défrichées, qu'elles auront reçu l'amendement calcaire qui leur manque, elles seront propres à la culture du blé. Si elles sont plus difficiles à défricher, si elles exigent plus de frais pour les façonner, elles ont sur les autres une valeur incontestable, non-seulement parce qu'elles deviendront de bonnes terres à blé, mais parce que les améliorations foncières y sont plus fructueuses ; parce que l'action des engrais y sera plus efficace et plus durable, mais encore et surtout parce qu'elles conviendront mieux aux fourrages artificiels, particulièrement au trèfle.

Les landes de la seconde catégorie, celles où le sable domine, seront surtout des terres à seigle ; mais elles seront, après leur défrichement, très-avides d'engrais, sans quoi elles resteraient dans l'inertie.

Les landes de la troisième catégorie reposent sur un sol siliceux excessivement maigre, et ces sols sont quelquefois recouverts d'une couche d'humus noirâtre, qui ressemble un peu à du bon terreau de jardin. Cet aspect trompeur que présentent ces landes a fait souvent bien des victimes ; car, reposant sur une couche de sable infertile, après leur défrichement et après que leur couche d'humus a été transformée en récoltes, elles ne laissent plus qu'un sable infertile qu'on ne peut guère améliorer qu'au moyen de grands sacrifices pécuniaires, et le meilleur parti à en tirer est de les planter en pins. Le moyen suivant, aussi simple que facile à exécuter, pourra dénoncer immédiatement au défricheur intelligent la mauvaise nature du sol de ces landes. Il suffit en effet de jeter un peu de cette terre dans l'eau, la majeure partie restera à la surface sous forme de détritus végétal, incomplètement décomposé, tandis qu'une petite quantité de sable fin, blanc, jaune ou gris, tombera au fond du verre.

Enfin, avant de passer à l'étude des différents moyens employés pour défricher les sols de lande, il nous reste encore à signaler un danger auquel se sont trop souvent exposés des propriétaires défricheurs. C'est l'appât du bas prix d'acquisition de certaines landes. Une lande située à quelques kilomètres d'une contrée populeuse, près d'un chemin de fer ou près de localités où l'on pourra se procurer facilement des calcaires, sera toujours à meilleur marché qu'une lande de même étendue, de même nature, qui serait payée à un prix bien inférieur, mais qui se trouverait placée dans des conditions où l'apport du calcaire serait onéreux et difficile.

Toutes ces considérations doivent être pesées avec soin lorsqu'il s'agit d'acheter un domaine où se trouvent des landes qu'on a l'intention de défricher.

# CHAPITRE XV.

---

## Suite des défrichements.

Après avoir examiné les règles qui doivent guider l'homme qui veut se livrer à la pratique des défrichements, après lui avoir signalé les écueils auxquels il est exposé, écueils qu'il pourra toujours conjurer par la prudence et la persévérance, nous arrivons à jeter un coup d'œil sur leur exécution pratique.

Quand on suit, avec intelligence, les différents moyens qui ont été employés par nos défricheurs, on les voit varier suivant les localités, mais plutôt suivant la nature du sol des landes, qu'ils ont voulu mettre en culture. Ceci peut facilement se comprendre. Tel moyen, qui réussira parfaitement sur telle nature de landes, ne serait pas applicable sur

une autre et peut-être pas couronné du même succès, parce que la nature variable du sol de la lande
s'y serait opposée. Il ne nous sera donc pas possible d'établir quelque chose d'absolu; mais pourtant il est une règle applicable, avant tout et partout, c'est l'assainissement du sol, s'il en est besoin,
soit au moyen du drainage, soit par la création de
fossés, de rigoles d'écoulement, si cela peut suffire.
Quant aux autres moyens de préparation du sol,
nous voyons qu'on a employé le piochage, l'écobuage
et le défrichement à la charrue.

Un mot maintenant pour bien faire comprendre
la valeur de ces trois opérations.

### Piochage.

Le piochage est certainement un des meilleurs
moyens pour défoncer et préparer le sol des landes;
mais malgré cela, il est rarement employé aujour-
d'hui, parce que pour son exécution il faut un très-
grand nombre d'ouvriers qu'il est souvent difficile
de se procurer dans les pays de landes, qui ne sont
guère populeux. Ensuite, c'est aussi un moyen
coûteux ; il n'est guère mis en pratique que par la
petite culture qui, n'ayant que quelques parcelles de
défrichement à faire, exécute ce travail par elle-
même. Dans la grande culture, le piochage est généralement remplacé par le défrichement à la char-

rue. Notre agriculture possède aujourd'hui de
bonnes charrues qui lui permettent de bien exécuter ce travail avec promptitude et économie.

### Ecobuage.

L'écobuage, ou préparation du sol des défrichements par le feu, est une opération qui se pratique
habituellement dans la belle saison, au moyen d'un
instrument qu'on appelle écobue. Il ressemble à
une houe assez large, mais les formes en varient
suivant les localités. Des ouvriers lèvent, sous
forme de plaques plus ou moins épaisses, le gazon
et les bruyères qui recouvrent le sol des landes. Ces
plaques sont mises à dessécher; puis ensuite on les
dispose de distance en distance sur les champs, en
monceaux, semblables aux meules des charbonniers
de nos forêts, en laissant à la partie supérieure une
ouverture pour le courant d'air, et en s'arrangeant
de manière à ce que les herbes qui adhèrent aux
tranches de terre occupent la partie intérieure.
Cette disposition faite, on y met le feu. Il reste,
comme résidu de cette opération, une cendre noirâtre qu'on répand sur le champ, qui a fourni les
matières propres à l'obtenir.

Voilà donc à peu près, d'une manière générale,
comment se pratique l'écobuage ; opération qui,
dans certaines contrées landaises, donne de si bons
résultats ; tandis que dans d'autres les effets en sont

plus nuisibles qu'utiles. Comme preuve de ce que nous énonçons ici, nous pouvons citer les diverses tentatives de défrichements faites en Sologne, au moyen de l'écobuage, tentatives qui n'ont pas été généralement heureuses et qui font que ce .moyen de préparation du sol, pour le défrichement des landes de ces contrées, est aujourd'hui abandonné.

Voyons s'il nous sera possible de faire comprendre comment l'écobuage, qui a donné de si bons résultats dans certaines localités, devient nuisible dans d'autres. La question sera des plus simples et facile à saisir, il nous suffira d'expliquer ce qui se passe dans l'écobuage. Le feu que l'on a allumé se communique facilement à l'humus, aux gazons et aux racines des bruyères ; il en détruit l'acidité, en même temps que toutes ces matières végétales se transforment incomplètement en cendres ; mais les matières terreuses qui font partie de la masse écobuée, subissent aussi une espèce de brûlis dont les avantages seront bien différents, suivant que ces matières terreuses seront ou argileuses, ou siliceuses. N'avons-nous pas dit, en parlant du brûlis de l'argile, qu'en subissant cette opération, cette matière terreuse perdait complètement ses propriétés pour en acquérir de nouvelles ; que l'argile brûlée devenait un amendement et même un engrais. Si donc nous écobuons une terre forte argileuse, bien gazonnée, bien couverte de bruyères ou d'ajoncs, nous obtiendrons comme résultat un mé-

9.

lange de cendres, de débris végétaux et d'argile
brûlée. En répandant un pareil mélange sur cette
terre imperméable qui l'a fourni, nous lui donnerons
non-seulement un engrais par les cendres, mais par
l'argile brûlée un amendement des plus utiles, des
plus efficaces, qui, en modifiant sa nature, la rendront plus perméable aux agents atmosphériques,
et par cela même plus productive.

Mais si la terre de la lande, au lieu d'être forte
et argileuse, est légère et siliceuse, si en outre elle
est peu gazonnée, les cendres qui en proviendront
seront siliceuses et peu riches en principes fertiles.
Les défauts naturels de cette terre, aridité et per-
méabilité, n'auront fait que s'accroître par l'écobuage, qui devient alors plus nuisible qu'utile. Il
résulte de ceci, comme principe, que les terres fortes
argileuses s'amélioreront par l'écobuage, et que les
terres légères et siliceuses deviendront plus maigres.
Ceci suffit pour faire comprendre que l'écobuage ne
peut être d'une application générale, comme moyen
de préparation du sol des défrichements. Mais cela
ne nous explique pas d'une manière convenable
pourquoi l'on en a fait l'abandon complet en Sologne, où nous avons à défricher aussi bien des terres
argileuses que des terres siliceuses. C'est qu'en effet,
il y a pour ce cas une autre cause que nous devons
bien saisir. La stérilité du sol des landes de la Sologne tient, comme nous l'avons vu, à l'acidité du
sol et à l'absence de phosphates. Si, par l'écobuage,

on détruit bien l'acidité du sol, on ne pare pas à l'autre inconvénient, on n'apporte pas de phosphates. Mais il y a plus, c'est que l'apport du noir animal et du phosphate minéral, sur ce sol écobué, reste sans action. Et voici pourquoi : Le phosphate de chaux des noirs ou du phosphate minéral, ne peut devenir actif qu'en se dissolvant, mais il ne peut se dissoudre qu'à la faveur des acides. Puisque nous venons de dire que l'écobuage détruit les acides du sol, le phosphate des noirs ou le phosphate minéral ne trouvant pas de dissolvant, leur action fécondante se trouve paralysée.

Ces explications théoriques justifieront l'abandon qu'on a fait de l'écobuage, dans la préparation du sol des défrichements de la Sologne, qui est remplacé par le défrichement à la charrue.

### Défrichement à la charrue.

La méthode généralement adoptée pour défricher aujourd'hui le sol des landes, est le défoncement à la charrue. Quoique nous puissions avec M. Rieffel établir, comme principe, la nécessité des labours profonds, parce que le sol des landes a besoin d'air, de chaleur et de lumière, et que plus on l'expose aux influences atmosphériques, plus il se fertilise à leur contact, néanmoins nous voyons que ce défoncement doit varier de profondeur, avec la nature du sol, du sous-sol et de la végétation qui s'y trouve.

Toutes les fois que le sous-sol pourra améliorer la couche arable, il y aura toujours bénéfice à faire un défoncement profond.

Si les racines des plantes qui recouvrent les landes sont trop grosses, si elles entravent le labour, il y aura encore avantage à faire un défoncement qui puisse les soulever et les détruire. Cela est si vrai que nous voyons nos plus grands défricheurs faire varier leur défoncement suivant les conditions dans lesquelles ils se sont trouvés placés. Ainsi, à *Grand-Jouan*, M. Rieffel faisait trois labours : le premier, de 7 centimètres ; le second, de 16 centimètres, et le troisième, de 20 centimètres. M. Moll, dans la Vienne, a opéré ses défrichements avec un labour de 30 centimètres, et M. Trochu, à Belle-Ile-en-Mer, est descendu jusqu'à 40 centimètres.

En Sologne, voici comment on prépare le sol qu'on veut défricher : une charrue à défrichements, attelée de 4 chevaux, ouvre le sol des landes à une profondeur de 16 à 20 centimètres. Cette opération effectuée, on divise les mottes du défrichement et on nivelle le sol en faisant passer le rouleau Croschrill ou un autre ; on donne ensuite 6 à 8 hersages, et le sol est préparé pour recevoir l'engrais et la semence.

Tels sont les moyens généralement usités pour préparer le sol des défrichements.

La lande est renversée , la terre est préparée ;

Voyons quels seront nos plans de culture! Ici, la question devient difficile à résoudre encore d'une manière absolue. Examinons d'abord les travaux des défricheurs bien connus et qui étaient placés dans des conditions différentes; ensuite nous verrons ce qu'on a fait généralement en Sologne. Mais n'oublions pas que sans engrais il n'est pas de défrichement possible, et que toutes les fois que des défrichements se font à côté de vieilles terres, nous ne devons pas prendre, sur la masse du fumier destiné aux vieilles terres, l'engrais nécessaire aux défrichements, sans quoi nous compromettrions toutes nos cultures, et nous aurions seulement déplacé la difficulté sans la résoudre.

Voici maintenant le système suivi par M. Trochu sur ses défrichements de Belle-Ile-en-Mer. A l'époque des travaux de cet honorable défricheur, les ressources n'étaient pas ce qu'elles sont aujourd'hui. On ignorait encore les bons effets du noir animal sur les défrichements. Les engrais industriels étaient à peine connus. Que fit-il alors? Il commença par établir, au milieu des landes qu'il allait défricher, une véritable fabrique de fumier; ce qui le mit à même de disposer d'une quantité d'engrais considérable. Puis après avoir préparé son sol de défrichement, il adopta le système suivant :

*Première année.* — culture du froment avec 45,000 kilog. fumier et 45,000 kilog. marne coquillère, sur un hectare ;

*Deuxième année.* — Culture de pommes-de-terre, rutabagas, navets, avec 18,000 kilog. fumier et 18,000 kilog. marne coquillère ;

*Troisième année.* — Culture d'avoine avec 18,000 kilog. marne coquillère et un compost formé de racines, de débris de landes et de fumier ;

*Quatrième année.* — Ray-grass d'Italie, avec 18,000 kilog. fumier.

Ainsi, dans l'espace de quatre ans, chaque hectare de défrichement a reçu 81,000 kilog. de fumier et 81,000 kilog. de calcaire coquillère. Et M. Trochu eut des fourrages à la quatrième et dernière année de l'assolement.

Avouons qu'un pareil système serait difficile à suivre en Sologne ; car comment s'y procurer une aussi grande quantité de fumier et de calcaire, à moins de dépenses considérables.

M. Moll disposa ainsi ses nouvelles cultures sur défrichements :

*Première année.* — Colza avec 5 hectolitres de noir. Après la récolte du colza un seul labour, quelques hersages, puis une fumure verte obtenue avec 30 litres de sarrasin, 2 litres de moutarde blanche et 150 litres de noir ;

*Deuxième année.* — Blé sur un seul labour et 5 hectolitres de noir. Puis, après la récolte du blé, même fumure verte ;

*Troisième année.* — Vesces, avoines pour fourrages, avec un nouveau labour et quelques hectolitres de noir et fumure verte.

Puis création de cinq à six ans d'herbages, au moyen de quelques hectolitres de noir et d'un mélange de ray-grass d'Italie, de fliole des prés, de boulque laineuse et de fenasse.

C'est au moyen du noir et en créant de l'engrais par l'usage des fumures vertes, que M. Moll a pu obtenir ces diverses récoltes et transformer promptement ses défrichements en de bons pâturages. Selon lui, les récoltes de colza et de blé ont payé les frais de défrichement et de culture ; les vesces et l'herbage ont contribué à l'entretien du bétail, ont fourni du fumier et ont ainsi aidé à accroître la fertilité des vieilles terres, au lieu de leur rien emprunter. Ajoutons que les landes que M. Moll a défrichées étaient de première qualité.

Quant au système de cultures établies à *Grand-Jouan* par M. Rieffel, c'est un assolement plus compliqué, qui a duré dix ans, en commençant par du sarrasin et par d'autres récoltes, seigle, blé, avoine et autres, et qui finit aussi par la création de pâturages. Les engrais qu'il a utilisés sont le noir animal, les charrées, le chaulage et le fumier.

En exposant ces différents systèmes de cultures, nous avions pour but de faire bien comprendre que chacun de ces défricheurs ont adopté des systèmes différents nécessités par la nature du sol, et qu'ont pu même faire varier les ressources dont ils disposaient.

Si nous recherchons maintenant ce qu'on a fait jusqu'à nos jours en Sologne, nous trouverons aussi que nos défricheurs ont suivi différents systèmes. Les premiers défrichements furent faits avec la marne. La lande une fois renversée, on répandait sur un hectare de terre défrichée 30 à 40 mètres cubes de marne ; on la laissait se déliter, puis on l'étendait et on l'incorporait au sol par des labours. Ensuite au moyen de fumier ou d'engrais industriels différents, on disposait de nouvelles cultures qu'on faisait rentrer dans l'assolement général. Mais le marnage ne pouvait se faire que dans les localités où l'on se procurait facilement cet élément calcaire, et nous avons vu le Gouvernement, pour donner une impulsion aux défrichements de la Sologne, s'imposer des sacrifices de nature à établir des dépôts de marne, dans différentes gares du chemin de fer du Centre. Mais si le marnage offre l'avantage de pouvoir transformer de suite les terres défrichées de la Sologne en un sol propre à toutes les cultures, il ne fait sentir ses bons effets qu'après quelques années ; il exige l'emploi immédiat d'engrais ou de fumier qu'il faut acheter, puisqu'on ne peut le prendre aux vieilles terres qui en ont si grand besoin ; enfin, il est toujours coûteux, car en moyenne on peut compter sur une dépense de 150 fr. par hectare. D'autres défricheurs ont employé le chaulage, en répandant sur chaque hectare de terre défrichée 20 à 25 hectolitres de chaux.

Mais si le chaulage a une action plus prompte, plus économique que le marnage, il est de moins longue durée ; il faut donc recommencer la même opération au bout de quelques années, et son emploi ne saurait non plus dispenser du fumier ou d'autres engrais. Jusqu'ici la marche des défrichements, tout en étant progressive, ne se faisait qu'avec lenteur, l'écobuage, nous l'avons vu, n'ayant pas donné de succès. L'heureuse application des noirs d'abord, et depuis peu, celle du phosphate minéral, vinrent changer complètement la face des choses : il serait difficile de compter aujourd'hui le nombre d'hectares de landes qui se défrichent annuellement en Sologne, ces défrichements sont faits aussi bien par les petits que par les grands propriétaires.

C'est qu'en effet, il serait difficile de trouver un moyen de défrichement plus prompt, plus simple et même plus économique que celui des noirs ou du phosphate minéral. La lande étant détruite, la terre préparée, il suffit de répandre par hectare 5 hectolitres de noir ou 6 à 700 kilos de phosphate minéral ; on ensemence avec 2 hectolitres de seigle, et on obtient une récolte dont la moyenne peut s'élever à 18 hectolitres grains de seigle et 450 gerbes, représentant en moyenne 2,500 kilos de paille.

L'année suivante, même système de culture au

moyen du noir ou du phosphate minéral, nouvelles semailles de seigle qu'on peut remplacer par une avoine. Les faits acquis à la pratique sont là pour démontrer qu'au moyen des noirs un pareil système de culture peut se continuer en moyenne pendant quatre ans. L'expérience nous apprendra s'il en pourra être de même pour le phosphate minéral. Ainsi, sans autre engrais que du noir ou du phosphate minéral, une lande défrichée en Sologne pourra fournir plusieurs récoltes successives de seigle, d'avoine, de sarrasin; mais il arrive une époque où la terre épuisée de son humus naturel doit subir une modification dans son système cultural.

Avant d'aborder cette question, il n'est pas sans intérêt de noter les recettes et dépenses qu'occasionne une pareille culture pendant quatre ans.

1re année. — Labour avec une charrue à défrichement attelée de quatre chevaux et conduite par deux hommes ; chaque hectare exigeant trois journées de travail à 20 fr. par jour, soit.....    60 f.

Un coup de rouleau Chroschrill ou autre.    10

Six hersages à 3 fr. chacun.........    18

Rigoles d'écoulement..............    2

Cinq hectolitres de noir à 13 fr......    65
ou 600 kilog. phosphate fossile, 42 fr.

Deux hectolitres semences de seigle...    24

Loyer et frais généraux............    40

Frais de moisson, rentrage, battage...    50

Total des frais pour la 1re année..    269 f.

En supposant la même culture de quatre ans et
en diminuant 30 fr. par an sur cette somme de
269 fr. parce que les frais de labours annuels
seront moins coûteux, puisque la terre est défrichée, les avances à faire pour la culture des trois
autres années s'élèveront à 717 fr. Cette somme
ajoutée à celle de 269 fr., frais de culture de
la première année, donne un chiffre de 986 fr.
de dépense à faire sur chaque hectare de défrichement pour la culture des quatre premières années,
dépense qui serait moins élevée par l'emploi du
phosphate minéral. Mais chaque année fournira une
récolte, que nous pouvons évaluer, en moyenne, à
18 hectolitres de seigle qui, au prix de 12 fr. l'hectolitre, représentent 216 fr. et 2,500 kilos de paille
valant 50 fr.; le total d'une récolte annuelle sera de
266 f., soit, en admettant une récolte égale pendant
quatre ans, un chiffre de produits s'élevant à
1,064 fr.

En admettant ces chiffres que nous tenons d'un
praticien émérite, nous voyons que dans l'espace de
quatre ans un hectare de défrichement avec du
noir rapporte 78 fr., soit 19 fr. par an. Là, ne sont
pas compris les frais des constructions nouvelles
que réclament naturellement les défrichements faits
en grand. Ces constructions pouvant varier considérablement de prix, nous n'avions aucune base
pour en évaluer la dépense.

Maintenant que va devenir notre lande défrichée

et épuisée de sa fertilité naturelle ? Tout n'est pas fini, cette lande n'est pas encore transformée en sol propre à toute espèce de récoltes ; les noirs et le phosphate minéral n'ont pu lui apporter l'élément essentiel qui lui manque, c'est-à-dire le calcaire. Il faut alors le lui apporter; en un mot, il faut la marner ou la chauler. Or, pour le défricheur, nouvelles avances à faire et d'une certaine importance. Mais avant d'apporter l'élément calcaire, un défricheur intelligent doit encore examiner dans quel état se trouve la nature de sa lande. Si elle est réduite à l'état de sol siliceux inerte, il ferait une très-mauvaise opération en la marnant, car il ne pourrait obtenir en récoltes la valeur de ses avances. Le meilleur parti à en tirer dans ce cas, sera de la planter en arbres à essence résineuse. Le pin Silvestre réussit parfaitement et avec le temps il donne des produits qui ne sont point à dédaigner. Quant aux landes défrichées dont le sol est argilo-siliceux et silico-argileux, comme elles pourront devenir d'assez bonnes terres de cultures il faut les marner.

Cette opération se fait en y apportant 30 mètres cubes de marne à l'hectare et en supposant une distance moyenne de 8 kilomètres et de bons chemins. Le prix des 30 mètres de marne transportés sur le champ s'élèvera à 150 francs, auxquels il faut ajouter encore en fumier, engrais industriels, guano, poudrette ou autres, une valeur de 100 fr. Voilà donc une nouvelle avance de 250 fr. par hec-

tare ; mais aussi le sol est pour longtemps consti-
tué. Il suffit d'y établir une suite de récoltes diverses, qui devront se terminer par des pâturages.
Alors la lande défrichée rentre dans l'assolement
général qu'on accepte, et se maintient dans cet état,
pendant 15 ou 20 ans, époque à laquelle on est
obligé souvent d'avoir recours à un nouveau marnage.

Tels sont les moyens généralement suivis dans
les défrichements de la Sologne; cependant ils sont
encore susceptibles de modification, et un agriculteur distingué qui se livre dans notre localité
a de nombreux défrichements vient d'adopter le
système de culture ci-dessous :

*Première année.* — Défrichements, seigle avec
700 kilos de phosphate minéral.

*Deuxième année.* — Avoine avec guano.

*Troisième année.* — Ray-grass avec 20 hectolitres
de chaux.

*Quatrième année.* — Jachère.

*Cinquième année.* — Blé avec chaux, fumier et
guano.

Si un pareil système réussit, il offrira l'avantage
de gagner du temps et d'amener les landes défrichées plus promptement peut-être à une culture
plus avantageuse.

Si l'on a bien suivi nos études on a pu se convaincre que, dans les défrichements, il n'est pas
possible de rien établir d'absolu ; que s'il est facile
de défricher quelques parcelles de landes, la question devient plus sérieuse quand il s'agit de défrichements importants. Pour mener à bonne fin une
pareille entreprise, il faut de l'énergie, de la pa-
tience, beaucoup de prudence, et il est nécessaire de
disposer d'un capital dont on n'a pas besoin de
toucher les revenus immédiatement.

Nous terminerons, par ces observations, notre
étude sur les matières énumérées par nous au
commencement de notre cours. Heureux si nos
conseils peuvent éclairer les agriculteurs ! Ils ver-
ront alors que la pratique bien comprise ne doit
jamais se séparer de la théorie, et qu'au contraire
elles doivent s'unir et marcher de concert pour
concourir au bien-être commun, but que poursui-
vent également le savant dans son cabinet et le
praticien dans ses champs.

FIN DU TOME TROISIÈME.

# TABLE DES MATIÈRES

## CONTENUES DANS LE TOME TROISIÈME.

—⁓⁓—

www.ingramcontent.com/pod-product-compliance
Lightning Source LLC
Chambersburg PA
CBHW070519200326
41519CB00013B/2858